Robert Ducher

LA CARACTÉRISTIQUE
DES STYLES

Édition revue et corrigée

par Jean-François Boisset et Stéphane Laurent

风 格 的 特 征

增订版

[法]罗伯特·杜歇 著

让－弗朗索瓦·布瓦塞 斯特凡娜·洛朗 校正并增订

司徒双 完永祥 米宁 译

生活·讀書·新知 三联书店

图书在版编目（CIP）数据

风格的特征：增订版／（法）罗伯特·杜歇著；司徒双，完永祥，米宁译. —北京：
生活·读书·新知三联书店，2020.8
ISBN 978 – 7 – 108 – 06583 – 4

Ⅰ. ①风…　Ⅱ. ①罗…　②司…　③完…　④米…　Ⅲ. ①建筑风格－研究－世界
②住宅－建筑风格－研究－世界③家具－特征－研究－世界　Ⅳ. ① TU-861

中国版本图书馆 CIP 数据核字（2019）第 091441 号

责任编辑　徐国强
装帧设计　康　健
责任校对　龚黔兰
责任印制　徐　方
出版发行　生活·讀書·新知 三联书店
　　　　　（北京市东城区美术馆东街 22 号 100010）
网　　址　www.sdxjpc.com
图　　字　01-2017-8539
经　　销　新华书店
印　　刷　河北鹏润印刷有限公司
版　　次　2020 年 8 月北京第 1 版
　　　　　2020 年 8 月北京第 1 次印刷
开　　本　635 毫米 × 965 毫米　1/16　印张 14
字　　数　104 千字　图 513 幅
印　　数　0,001－8,000 册
定　　价　58.00 元
（印装查询：01064002715；邮购查询：01084010542）

目　录

前　言

　　鉴于《风格的特征》问世五十余年来所取得的广泛成功，本次增订再版并没有对其编写原则和表述方式进行任何调整。

　　罗伯特·杜歇选择了一种灵巧的章节结构，为精练的文字系统性地配以相应的插图，使读者可以清晰迅速地辨认各种样式，并逐章了解先后在法国流行的各种风格以及欧洲的主要潮流。让－弗朗索瓦·布瓦塞在十年前修订原书的时候，依旧遵循了这一结构。此外，为了让人们对不同风格的起源有更多的了解，本书还简略介绍了东方艺术，如拜占庭艺术和埃及艺术，来引入那些日后在欧洲被罗曼艺术或帝国风格采纳并使用的语汇。

　　这本书既是风格的起源和历史的摘要，也是相关词汇的汇总。在这一点上，书中词语的专业性没有发生任何改变，最多只需要根据最新的艺术史著作更新个别用词或是调整一些词语内涵的重点而已。

　　这样一本对风格的主要特征进行回顾的摘要应该做到全面。让－弗朗索瓦·布瓦塞曾额外编纂了四章，内容涵盖了1814—1925年这一阶段。在此基础上，我们进一步进行扩展，概述了两次世界大战至今装饰潮流的演变，并对在法国以外地区发展起来的西方风格予以更多篇幅的介绍。作为补充，我们增加了16—18世纪的英国风格，同时从国际角度讲述了当代风格发展。我们希望这一补充能让本书与时俱进，令其涵盖作为西方文化不可分割的部分的主流风格样式的基本要素。

斯特凡娜·洛朗

引　言

关于风格已有许多论著，其中有注重实用的简明教材，也有探索形态起源及原因的大部头专著。本书具有自己的特色。作者的意图并不在于阐述任何哲理、美学或理论，这些都不是它的宗旨，它只满足于记录不同时期和不同国度的建筑与装饰在形态方面的表象，它们有的属于精神范畴，如风格的程式和比例，有的则是物质的，像从大自然或别处借鉴的装饰元素，这种现象具有特殊的生命力。它们像有生命之物一样，在一定的条件下诞生、繁衍、消亡。事实上，它们融入与其息息相关的社会和伦理生活中，并极为真实地加以反映，像照片一般记录下时尚的进化过程，且时尚和习俗一样，以不规则并难以预料和盲目的方式演化着。

《风格的特征》一书的作者或许想让读者自己理出那些对时尚的形成起过决定作用的各种影响之间的微妙关联，从而得到一种满足感，因为时尚一旦确立，便成为风格。事实上，所谓风格不就是一种成功的时尚吗？读者千万不要以过时为借口，忽视那些久远的年代。在 1798 年战役之前，古埃及早已灭亡，它像谜一般在神圣的墓穴中奄奄一息，封存在被人遗忘的语言的猜不透的秘密中。然而，19 世纪初，正是来自埃及的启示促成了法国装饰艺术的一次令人瞩目的革新。至少与埃及同样神秘的中国，尽管受到语言、习俗，乃至遥远距离的保护，难道不正是它在法兰西、德意志、荷兰、西班牙引起过审美观方面的好几次真正的革命吗？是否还需要追溯到满载"中国设计"的葡萄牙商船的抵达？正是它们从 15 世纪以来就已将与我们的艺术如此不同的魔法传授给了我们的艺术家。还有代尔夫特、讷韦尔、鲁昂的彩釉陶器工匠，迈森以及后来搬迁到塞夫勒的万塞讷瓷器工匠们仿造的中国式"亭子"和"古怪可笑的瓷人"，不都是后来成为风格的一种时尚的原作吗？从文艺复兴到法兰西第一帝国时代，各民族间有过多次相互影响和交流，从而在法国、西班牙、佛兰德尔地区建立了一种以意大利为模式的艺术，与此同时，法国的准则是设法淡化外国样式过分突出的特色：怎能研究风格的特征而不涉及相互作用的问题呢？

这本明确阐述风格特征的集子向研究人员打开了新的天地，把他领进各族人民内心深处和精神属性之中。人们惊愕地看到艺术最古老的表现手法如何试图勾勒现实。古埃及最初几个王朝的工匠们用画笔或刻刀在柱头上绘制的不是荷叶，也不是纸莎草花，而是对它们的表意。远古人类试图通过明确和具有普遍性的特征来确定一种物件，从而传递它包含的概念。其客观性使之成为经典。对他而言，几道主要线条足以表现出立体感、容积和动态。很久之后，在社会发展的进程中，他才注意到细节。此时的艺术家，这一行的高手，取代了信息提供者的角色，他的目的不再是与人们交流他对人和事物的认知，而是展示自身的才华。不久，对精妙画技、画风或悦目色彩的唯一追求成为艺术的法则，再也用不着说什么必要的话，而是要设法找到一种独特的方式来表达，无须理会沃夫纳格[1]所讲的"以耸人听闻的方式讲述的事没有几件站得住脚"。

本书作者以重要篇幅论述被称为哥特式的艺术，实际上哥特人[2]与该风格的产生毫无关系。关注它的发展历程有双重意义，因为一方面这种风格直接源自我们的感受，此外，在它长达四个世纪的演变进程中反映的正是西方的智慧。起初它客观、朴素而简洁，以概括外形的手法仿效自然。到了14世纪它已掌握了各种手段，胸有成竹，知道是什么限制了对现实逼真的表达，这时它以权威的手法展示现实。它筛选、摒弃，使其精练。很快到了15世纪初，风格艺术家打破了前人遵守的条条框框，它那锋利、感人肺腑且苦楚的工具，寻求的是强烈而炽热的表达方式以及明暗的动人对比。网状结构以及布满圆花窗和后期哥特式尖拱状窗饰的严谨节奏，反映的是心灵的焦虑和精神上对无限的追求。事实上，把装饰要素汇编在一起并不能涵盖风格的特征，此外，这些装饰成分也并不专属于某个艺术时期，许多要素在历代都多次重现。真正使风格具备特点的，是表达形式时所采用的手法和基调。1710年完成的特里阿农宫的怪面饰与1680年凡尔赛宫的怪面饰就完全不是一回事。同样，路易十六时代忠实模仿路易十四时代的水泽仙子及人身羊足林神的雕塑彼此竟迥然不同，前者显得优雅、洒脱、轻盈，而伟大世纪[3]的作品则厚实而凝重。风格的历史就是审美情趣的历史，同时也是人的感性对当时重大事件反应的历史，因此，如果不了解习俗以及社会的历史，又如何能准确地对之加以追溯呢？

有些变革给我们提出了极其复杂的问题。如果说16世纪哥特式转变为仿古意大利主义可以用法兰西、意大利在查理八世和路易十二时代两国政治和军事保持的联系加以解释的话，那么，由罗曼风格向哥特式的过渡便难理解多了。显然，当时正在形成的艺术中出现了一种完全不同的精神境界。替代庄严呆板的形式主义的，是铭刻在自然植物和人像习作中的客观性。到底发生了何种对古老程式的奇特的摒弃？它又是何时、何地、如何完成的？标明建造年份的同代历史性建筑物自然是这一神奇革新的意义深远的标记。可当罗曼式错齿饰或椽子上的装饰首次被哥特式自然主义花卉替代的日期被发现时，人们对此真的感到满意吗？为什么在同一个时期这样一个精美的、表面上充满活力的风格，顷刻间就遭到摒弃？当时的革新努力到底服从于何种深刻的目的？艺术史中仍充满着谜，而博学者那些僵化的知识远不能解释这一切。很明显，一本关于风格特点对比的集子不足以消除这些疑团，至少按时代顺序将历史性建筑加以比较会披露以下事实——变化有时呈现为旧风格的猝然中断，有时却表现为两种风格之间的轻松过渡，因为在许多情况下，风格的变革都在无冲突的状态下进行，而新生的风格，在人们还未注意到时，早已将种种细微的变化注入到先前的形式中，正是这些变化决定了前者的完全改观。

然而似乎有一种钟摆的法则在左右着风格的演变历程，至少在法国是这样，每当出现一个自然主义时期，紧跟着就是一个新的形式主义阶段，随之则又引发自然情趣的回潮。应该指出的是带有法国式才华的真实主义 [4] 很少显得生硬，更少有粗俗之感。在博学的勒布朗 [5] 教条式的统治下，伟大世纪仍尽力设法找回了古代的高贵气质。当他的雕塑装饰工匠们在可爱的室内细木构件上刻出轻盈的花卉图案雕饰时，他们手中的工具创造了一种鲜活的艺术，它绝不比中世纪的艺术逊色，也不比它缺少品位。之后，考古学揭开了庞贝的奥秘，于是 1750 年的装饰家们不遗余力地将古代题材与路易十四风格和文艺复兴同时复活，从而形成了这个幸运时代的图案的优点，古典传统图案中的心形射线、壁柱和绶带饰以极富特色的方式将华丽与优雅相结合。这也同样说明，装饰成分并不足以表明这一时期风格的特征：一切，或几乎全部元素，都来自先前的程式，对它们加以处理的艺术赋予它们以意义。

看来可以撰写一篇新奇的专文，来辨析装饰图案的源流史。应该指出，各个时代相继从历代积累的丰富宝库中汲取灵感进行专门的筛选，形成自己鲜明的风格。装饰图案同样有自己的命运：伟大世纪有些招人喜爱的图案到了路易十六统治时期竟完全失去了魅力，虽说后者事实上完全模仿的是路易十四时代的样式。大自然本身也是反复无常的短暂偏爱的对象。行家鉴别一种花卉图案的产生日期，不仅要看它的表现手法，还要看它由什么成分组成。如果真有一篇我们可以按理想方案着手的论文，那么，在这篇论文中应该建立每种图案的详尽档案，记载它由进入装饰语汇一直到由于魅力消失，变得令人厌烦而被祛除的全过程。这是一项可观的工程，需要做大量的卡片，这项工作最困难之处还在于那些原本以为最有把握的日期实际上难以确定，是否有一天真有一群博学多才的人会着手做这件事呢？

目前，这本教材在一定程度上预告了它的诞生。无论如何这里提出的是对其有益并值得加以肯定的概括。只要翻阅一下，便可浏览到全世界装潢方面的发明，况且这样一本著作不仅有资料价值，还有哲学价值。学者从中领悟到单纯的书本知识既不能让他明了艺术之谜，也不会令他洞悉风格的秘密。反之，经验主义者也会从中发现实践的脆弱性，因为对过去生活的某些了解并不能使实践变得更加清醒。但人们会有另一种发现，那就是我们的想象力实是极端贫乏。自从人类存在并着手作画以来，竟只找到数量很少的装饰图案，而全世界成千上万的艺术家就都在这个共同的基础上进行创作和组合。鉴于新发明凤毛麟角并难以被接纳——柯尔贝尔[6]呼吁的法国订单样板便是明证——人们看来得打消丰富或更新装饰图案的幻想。然而，直至今日之前，一些独具匠心的风格曾不断被创造出来，它们的连贯性和逻辑性均毋庸置疑。那么，现代社会是不是患上了不育症？是否应该同意巴雷斯[7]的说法"我们的时代留下了许多名字，很少作品"，或者接受当代最后一位天才装饰家艾米勒·加莱[8]的意见"当我们发现一种新风格的时候，它已成为历史并已让位给它的替代者了"？

纪尧姆·让诺

附 注：

1. Luc de Clapiers (1715—1747)，吕克·德克拉皮耶，沃夫格纳侯爵，法国伦理学家。
2. Goths，起源于斯堪的纳维亚半岛南部的日耳曼民族。
3. 指 17 世纪，亦即路易十四统治的鼎盛时期。
4. 19 世纪末意大利的一种文艺流派。
5. Charles Le Brun (1619—1690)，法国 17 世纪后半期画家、设计师、美术界权威。
6. Jean-Baptiste Colbert (1619—1680)，法国政治家。
7. Maurice Barrès (1862—1923)，法国作家、政治家。
8. Emile Gallé (1846—1904)，法国著名设计家，玻璃、陶瓷和细木工匠。

风格的特征

埃及历史的起源被确定在公元前 2850 年左右。文字的创建恰与最初法老们统一全埃及的时期一致。原始史时期保留下来的物品（刀、化妆脂粉板）显示了象牙、金子和上釉石器的做工。埃及约三千年的历史划分为以下几个主要时期，首先是古王国或孟菲斯时期（约公元前 2650—前 2190 年），以萨卡拉古迹为代表。随后是过渡时期（公元前 2190—前 2000 年），接着是中王国时期，代表了埃及艺术的古典阶段，之后是以喜克索人入侵为标志的第二过渡时期。新王国时期始于公元前 1580 年，图坦卡蒙（公元前 14 世纪埃及国王——译者注）的珍宝正是出自这个时期。公元前约 1085 年，王朝后期进入一个动荡的低潮时代，一直到公元前 332 年亚历山大入侵埃及。之后是托勒密王朝的继承人，再后来便是克雷奥帕特拉（埃及马其顿王朝的末代君主，著名女王——译者注）于公元前 30 年逝世时罗马人的入侵。

王冠——埃及由两个王国组成：下埃及（尼罗河三角洲）和上埃及。法老的标志为数众多。有北部的红色王冠 (A)、南部的白色王冠 (B) 以及标志两个王国统一的双冠（C）。

神鹰何露斯——神鹰何露斯是天上的主宰，它的两眼分别象征太阳和月亮，是"瑞"（古埃及宗教祀奉的太阳神——译者注）的表象之一，"瑞"也由一个红色圆盘代表。

眼镜蛇冠饰——"瑞"的另一表象，蛇可以致命，如同太阳可把一切烧成灰烬。

圣甲虫——圣甲虫即蜣螂（或称赫菩瑞）推动它前方的太阳圆盘昼夜运行，它是复活及生命的象征。

哈托尔——司音乐、爱情和欢乐的女神，她以母牛或带牛角和牛耳的人形模样出现，在哈托尔式柱头上可以看到这位女神及其标识。

浅浮雕——大部分建筑物墙上覆盖有古埃及的象形文字和浅浮雕，常常采用阴刻形式。

A 北部红色王冠
B 南部白色王冠
C 双冠：上、下埃及联合的王冠

（埃及的）圣甲虫或赫菩瑞

眼镜蛇冠饰

神鹰何露斯

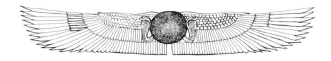

两边为眼镜蛇的双翅日徽饰

（苍天女神）哈托尔式柱头

狮身人面像

　　埃及是最古老建筑云集的中心之一。水平方向的线条占主导地位，屋顶总是建成平台式。这种规模宏大的建筑的主要特点是其雄伟与稳定性。保留至今的主要建筑有君王及高官的墓穴和太阳神庙或圣殿。

　　马斯塔巴（古埃及贵族的一种台墓——译者注）——墓穴建筑中最古老的一种，用石头或砖砌成，墙面成坡状，外观呈厚重的长方形。

　　金字塔——出现于古王国时期，那时呈阶梯状。之后，胡夫、哈夫拉和门卡乌拉的金字塔的墙面都是平滑的。

　　地下坟墓——另一种挖凿于悬崖间的地下墓穴，如新王国时期尼罗河河谷或底比斯以西国王谷的那些墓穴。

　　牌楼门——庙门进口处两侧建有两个实心的梯形建筑，被称为"牌楼门"。人们通过一条狮身人面像的通道（墓道）到达这里。这个进口处前方有两座方尖碑和一些国王雕像。墙面上装饰有浮雕和带长长燕尾旗的旗杆。

　　神庙——进去的第一个院落由圆柱环绕（伊德富，神鹰何露斯神庙的平面和剖面图），接着是一个多柱式厅，由此再经过不同的厅堂直达放置神像的圣殿。各厅的高度递减，使光线逐渐昏暗。

　　支撑物——先多立克柱式标志着古王国时期由支墩向圆柱的过渡。棕榈式圆柱的灵感来自棕榈树。莲花式柱的柱身模仿用一条带子扎在一起的几根枝干，而柱头则像一束花冠紧闭的莲花，各条茎干间插入的胚茎是刚萌发的花蕾。纸莎草式柱（源自纸莎草）柱身也是由光裸的集柱构成。呈伞形张开的则被称为（倒）钟形柱头。

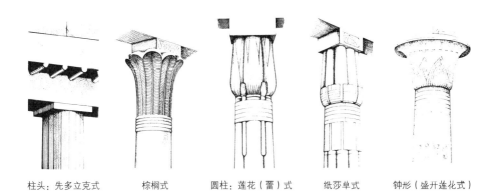

柱头：先多立克式　　棕榈式　　圆柱：莲花（蕾）式　　纸莎草式　　钟形（盛开莲花式）

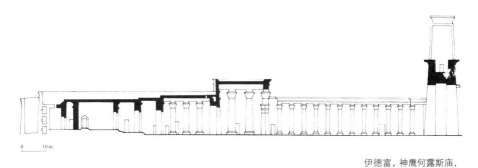

伊德富，神鹰何露斯庙，
剖面（上）和平面图（下）

神庙的牌楼门

希腊艺术　多立克柱式

希腊艺术的发展在公元前6—前4世纪达到顶峰。

希腊建筑是一种合乎逻辑与理性的建筑，由圆柱顶上架过梁构成。圆柱之间由两条石头横梁连接。下层横梁集合成为檐部（柱顶盘）"额枋"（下楣）。

支撑檐部的所有圆柱统称为"列柱"。希腊列柱是一种有节律的和谐的典范，也就是说其整体的尺寸从属于取自建筑物的公度，即圆柱的直径或平均半径。因此帕台农神庙的圆柱的高度相当于五个半直径。

希腊三柱式为多立克式、爱奥尼亚式和科林斯式。不过，最后一种不如说已属于罗马艺术的范畴。

以帕台农神庙为范例的多立克柱式，体现了比例最完美的和谐。它庄严朴素，宏大而坚固。在多立克柱式中，美与理性紧密相连；它直接（无柱础）放置在底基（台座）上。问题在于如何由圆锥形的柱身过渡到长方形的檐部额枋。为此，人们求助于一种极为简单的柱头：一个托板，也被叫作"（圆柱的）顶板"或"垫板"，放置在一种类似垫子的"馒形柱头"之上，它的侧面在鼎盛时期显得坚实有力。馒形柱头和顶板上的任何装饰都丝毫不影响檐部下圆柱的支撑功能。檐部包括额枋、檐壁（中楣）和檐口（上楣）。檐壁分为"三槽板"和"三槽板间板"，它们源自木结构建筑。檩条的两端即为三槽板，檩条间的空隙则与三槽板间板相符。"悬锥饰"代表的是销钉，在过去的木建筑中是用来固定小木板的。檐口包括由"挑口板"支撑的"托檐板"，并在"葱形饰"上承接三角楣以及它的两侧。神庙包括"门厅"，"内中堂"（神居处）和"后殿"（宝库）。

主要的多立克式神庙在希腊有雅典的提修斯神庙和帕台农神庙，奥林匹亚、爱津、巴赛、艾留希斯、提洛各地的神庙。在意大利及其西西里地区有帕埃斯图姆、塞利农特、阿格里真托和锡拉库萨的神庙。

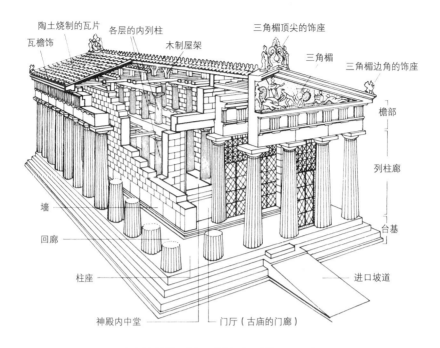

陶土烧制的瓦片　　各层的内列柱　　　　　三角楣顶尖的饰座

瓦檐饰　　　　　　　　　木制屋架　　　　　三角楣

　　　　　　　　　　　　　　　　　　　　三角楣边角的饰座

檐部

列柱廊

墙

回廊

台基

柱座

进口坡道

神殿内中堂　　　　门厅（古庙的门廊）

希腊埃伊纳的阿法伊亚雅典娜神殿（约公元 490）

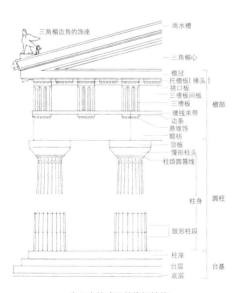

三角楣边角的饰座

雨水槽

三角楣心

檐冠
托檐板（椽头）
挑口板
三槽板间板
三槽板　　　　檐部
腰线束带
悬锥饰
边条
额枋
顶板
馒形柱头
柱颈圆箍线

柱身　　圆柱

鼓形柱段

柱座
柱层　　台基
底层

多立克柱式及其檐楣结构

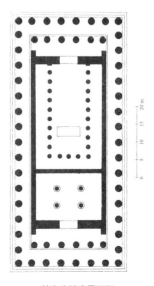

20 m.

帕台农神庙平面图

希腊艺术　爱奥尼亚柱式

　　继朴实无华的多立克柱式之后的是优雅的爱奥尼亚柱式，此时的圆柱较细长而且总是配有柱础。

　　有时是雅典风格的柱础（厄瑞克忒翁神庙），有时是爱奥尼亚式柱础（无侧柱的胜利女神庙）。雅典风格柱础由被一圈凹圆槽分开的两个座盘饰组成，设置凹圆槽，是为了避免下面的座盘饰被上面的座盘饰投射的影子所笼罩。柱头是希腊人天才资质的表现之一，也是建筑的每一构件都能体现其功能的典范。事实上，这里支撑和承重的角色由连接两个涡状装饰的弧形体担当，这个弧形给人一种印象，仿佛它在檐部的重压下像弹簧般弯曲。厄瑞克忒翁神庙的柱头，连同它的"柱颈"，因其装饰的华丽和品位而著名。

　　檐部包括一个由分为三条突起的层间腰线组成的额枋、饰有浮雕的檐壁以及带挑口板和葱形饰装潢的檐口。爱奥尼亚式檐部的绚丽多彩与多立克式柱的厚重简朴形成鲜明对比。在厄瑞克忒翁神庙的女像柱的廊台上，檐壁消失，直接承落在额枋上，中间有一行齿饰相隔。在中亚的庙宇里可以见到相似的布局，不过保留檐壁。圆柱柱身的凹槽饰不再像多立克柱式那样由尖尖的棱肋相隔，而是由细条状棱分开。

　　主要建筑——雅典的厄瑞克忒翁神庙、雅典的雅典娜胜利女神庙、以弗所的狩猎女神庙、米勒特附近的阿波罗神庙。

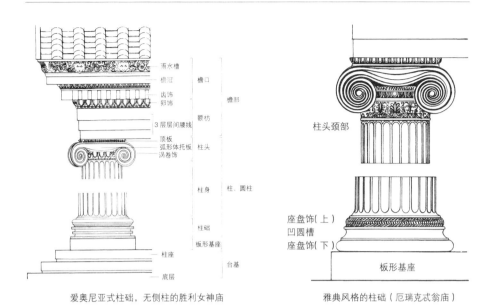

雨水槽
檐冠
齿饰
卵饰
3 层层间腰线
顶板
弧形体托板
涡卷饰

檐口
檐部
额枋
柱头

柱身   柱·圆柱

柱础
板形基座

柱座
底层
台基

爱奥尼亚式柱础，无侧柱的胜利女神庙

柱头颈部

座盘饰(上)
凹圆槽
座盘饰(下)

板形基座

雅典风格的柱础（厄瑞克忒翁庙）

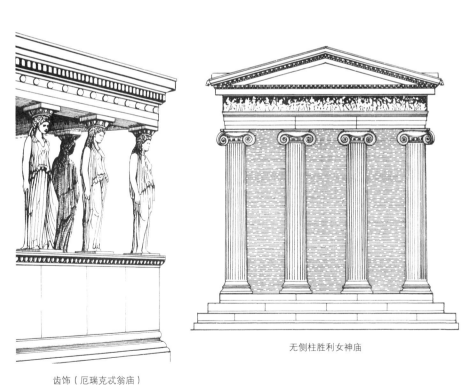

齿饰（厄瑞克忒翁庙）

无侧柱胜利女神庙

瓦当——神庙上覆盖着大块的平瓦。在每行的尽头固定一块呈石碑状并饰有棕叶纹状的瓦，这就是瓦当。

饰座——在庙宇三角楣的顶端或边缘，通常放置一个被称为饰座、形状各异的装饰物：瓶饰、胜利女神等。

檐沟——为了装饰接雨水用的檐沟，在那里安上狮子头以便水从它的口中流出。

门——除了厄瑞克忒翁神殿之外，没有一扇门保留至今。这扇门上方有置于两个托座之上的带檐口过梁，托座的轮廓很可爱。门框四边有圆花饰。

橄榄饰与陀螺——圆花饰上面和下面各有一个橄榄形的串珠饰图案，由被称为陀螺的两个突起小圆盘隔开。

卵饰——由一个尖刀或箭形图案分开的系列卵形装饰是最流行的款式之一。

棕叶饰和荷花——两种不同的棕叶饰或荷花束和棕叶饰交替使用的做法十分常见。

心瓣饰——这里指的是由短箭状隔开的水生花卉图案。

希腊方形回纹饰或回纹饰——这些不间断的直线的不同组合方式变化无穷。

条状饰带——彩绘陶瓶的带状装饰中单线勾勒的动物形象精巧且富于装饰和艺术韵味。拉长和浑圆的形状相互交融。在马赛克镶嵌画上，画法略显生硬的棕叶饰与荷花束相交替，点缀着一道道条状饰带。

线脚装饰（同义语：线脚元素）——这里指的是线脚的总称，可以是凹的，如凹圆槽，也可以是凸的，如座盘饰；或部分凸而另一部分凹，就像反转双弧曲楣。装饰永远不会改变线脚轮廓的纯洁性，而是与因它而更加突出的轮廓合成一体。

瓦当　　　　三角楣的饰座　　　　　　　檐沟饰

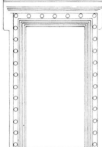

厄瑞克忒翁神殿的门　　　　托座、托架　　　　卵饰、橄榄饰、圆花饰

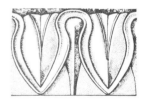

棕叶饰　　　　　　荷花花卉图案　　　　　心瓣饰

希腊方形回纹饰　　　　　　　条状饰带

罗马艺术　建筑

拱与平拱线脚——罗马人在希腊建筑之上增加了拱以及实用性建筑的可贵观念。尽管罗马人有时也模仿希腊人用大石块建筑，但他们更常用的是混凝状态的灰浆，有时在其上覆盖大理石板或粉饰灰膏。

柱式——罗马人从希腊人那里借鉴了多立克和爱奥尼亚式柱式，但常常去掉它们的建筑功能，使之仅仅成为一种装饰，竞技场和凯旋门便是例证。各种柱式往往重叠置放（竞技场）。罗马的多立克柱式有柱础，檐部额枋与圆柱垂直相接而不是突出在外。檐部檐壁往往有"牛头饰"，这是牛角上绕有花环的牛头。罗马的爱奥尼亚式柱头的涡卷饰比较小，檐部更华丽，柱础是雅典风格的。科林斯柱式是杰出的罗马风格，其柱头外表有金属质感，由一排排柔卷的忍冬草叶组成，叶端略呈浑圆。顶板为束腰式，且每个隅角都被托置在两个连在一起的叶片上。檐部极为华丽，檐口布满雕刻团花的托饰。

混合柱式是爱奥尼亚柱式与科林斯柱式的结合，常用于凯旋门中。

主要建筑——庙宇四周不再像希腊时那样环绕着台阶，只在进口入门处保留台阶。两侧不再是柱廊，而是将柱子附在墙内（尼姆，卡累尔神庙）。公共浴场和竞技场的数量多且规模宏伟。为得胜的帝王或将军修建的凯旋门只有一个圆拱，或者在两个小圆拱中间有一个大圆拱（罗马的君士坦丁凯旋门）。饰有浮雕和塑像的拱门上端有厚重的屋顶层，有时上面还有一辆四马双轮战车。科林斯柱式有时就这样与其檐部分离。

长方形大会堂（即巴西利卡，古罗马的一种公共建筑物——译者注）过去是交易所和审判庭。继承自古代的最古老的雄伟穹顶终于在罗马耸立起来，这就是哈德良时代（约公元1世纪）重建的万神庙。

科林斯柱式
（尼姆，卡累尔神庙）

多立克柱式
（罗马，马塞卢斯剧院）

爱奥尼亚柱式
（罗马，幸运女
神维里利斯庙）

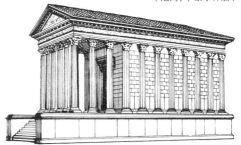

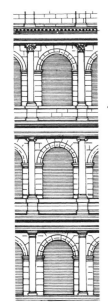

重叠的柱式（罗马卡雷斯竞技场）

君士坦丁凯旋门

与希腊装饰的朴实无华和藏而不露的品格相比，罗马人更喜爱华丽风格，尤其在奥古斯都大帝之后，饰物变得更为繁缛。

胜利女神雕像——凯旋门的拱隅处常常饰有背上插有翅膀、足下踏着球体的"胜利女神"像。法国第一帝国时代就有这样的装饰以及许多罗马时期的其他图案。

圆花饰和花环饰——圆花饰往往用在拱顶藻井的中央部位，由一个花蕾及周围的叶子组成。做工精美的花环饰显得厚重，最常见的是下端系有向两边伸展的饰带。

鹰——罗马风格的鹰常常是身体呈正面，两翅下垂，而头部则为侧面。

波状叶旋涡饰——围绕着圆花饰翻卷的叶饰通常以带双翅的赤身小爱神的上身为起始，他的下身演变成叶子构成的涡状花纹装饰。

门——保留至今的罕见的门之一是罗马万神庙的大门。该门为青铜质地（以前是镀金的），两边各有一根壁柱，门的上部安装了铁栅栏。

牛头饰——指的是牛头颅骨，它的两只角垂挂着累累叶簇，用以装饰多立克柱式檐壁的三槽板间板（马塞卢斯剧院）。

花叶边饰——通常比较厚重，用以连接带翅膀的小爱神，后者与烛架饰相间，爱奥尼亚柱式的檐壁上常会看到这种花叶边饰（幸运女神维里利斯庙）。

檐壁，波状叶旋涡饰的开端
（朱庇特斯塔托耳神庙）

藻井（朱庇特斯塔托耳神庙）

花环饰（阿尔勒博物馆）

鹰（图拉真圆柱）

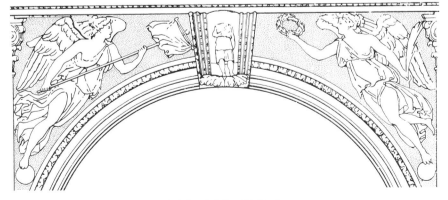

寓意的图像（提图斯凯旋门）

希腊－罗马艺术　壁画、灰墁饰、家具

　　我们对希腊－罗马装饰艺术的认识主要归功于赫库兰尼姆（意大利南部古城名，公元 79 年维苏威火山爆发摧毁——译者注）和庞贝（意大利南部古城名，公元 79 年维苏威火山爆发摧毁——译者注）遗迹，这一艺术，尤其是其中的装饰绘画，相比之下更富于希腊韵味。实际上罗马人也确曾雇用过希腊艺术家。

　　壁画——在大量的庞贝壁画中，大块壁板中央饰有一个小的寓意图像，所画的通常是虚构的建筑物，其柱廊轻巧如幻，整体看去非常朦胧，有纤弱之感。草草而成的小图案不乏才气。主导色调为赭石、黑与棕红。

　　灰墁饰——现今仍能见到的一些灰墁饰属于罗马艺术范畴，这些浮雕大部分在罗马阿皮亚大道的墓中。这些与绘画相结合的浮雕，常常表现一些荒诞和神话的主题，它们交织成阿拉伯式花饰或几何图形的组合，这就是"怪诞装饰"（指 15、16 世纪意大利古代遗迹中发现的形象奇异的装饰物——译者注）。

　　家具——希腊风格的座椅十分罕见，至今仍保留下来的是雅典狄奥尼索斯（酒神——译者注）剧场的座椅。大理石座椅的靠背饰有天鹅的脖颈，下部为狮子的爪子。罗马风格的座椅也很少见，卢浮宫保存了好几张这样的大理石座椅，其搁板由两只置于两侧的带翼女身或狮身怪兽支撑。保留至今的桌子只有大理石或金属制作的。庞贝的科尔内留斯·儒弗斯家中保存着一张漂亮的大理石桌子，实心的桌腿是两只狮身人面鹰翼怪兽。那不勒斯博物馆保存着一些来自庞贝的折叠青铜桌子。

　　三脚支架过去用来做便携式祭坛，包括一只置放在金属三脚支架上的青铜盆，用来盛祭酒或奉香。

　　灯具包括吊灯、座灯以及灯架。吊灯的形状往往像一只边缘布满凹口的圆盘。灯架放置在由三只爪子构成的三脚支座上，灯盘在顶端。

庞贝的壁画

灰墁浅浮雕（罗马）

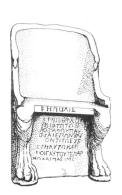

希腊式座椅（雅典）

罗马式座椅（卢浮宫）

三脚支架和吊灯（那不勒斯）

桌子（庞贝）

烛灯架

拜占庭艺术

如果拜占庭艺术的中心原本在拜占庭（君士坦丁堡），它的领域却包括中亚细亚、叙利亚、意大利、希腊、巴尔干以及俄罗斯。"东方基督教艺术"的称谓可能更为确切。它的真正的发展始于君士坦丁大帝皈依基督教并于 325 年宣布其为国教之时，6—15 世纪是它的鼎盛时期。

建筑——君士坦丁堡的圣索菲亚大教堂是拜占庭艺术的典型建筑。建在设计图中心的是一个巨大的中央圆形穹顶，紧靠两边的是两个半圆穹顶，由此形成一个直径 31 米的宽敞中殿。上述中央设计图的原则后来在意大利被应用到拉韦纳（意大利北部拉韦纳省省会——译者注）的圣维塔尔教堂之中，只是把圆穹改成了八角形。

中央大圆穹顶从外面看轮廓扁平，效果不理想。于是，人们随后设法将其置于一个相当高的多边形座圈之上，以创造一种轻盈感，如雅典的小大主教府即如此。希腊十字（正十字——译者注）形状的平面设计曾十分流行，早先它仅有一个穹顶，不过，人们很快采纳了五个穹顶的设计，其中一个在中央，四个分别在十字的四个分支上方，威尼斯的圣马可教堂便是最著名的例证。

巴西利卡式教堂的设计图源于古代市场民用建筑，它是一个长方形的平面，两行圆柱将它划分成三个高度及大小均不相等的殿堂，上面覆盖着屋架，其后部是一个半圆形的后殿。引人注意的是殿的圆柱柱头与拱之间插入的"拱基石"。这一做法的缘由是使用了来自罗马废墟的石柱，如不加拱基石便不够长。在 4 世纪的罗马、6 世纪的拉韦纳，人们建造了许多祭祀圣人和殉道者的巴西利卡式教堂。

装饰——装饰性雕塑的特色之一是一种刻在石头上如同刺绣般的雕刻，许多柱头就是按这种方法雕刻的。在拜占庭装饰艺术中马赛克（彩釉小片拼配而成的镶嵌画）的地位至关重要，人们用它覆盖地面和墙壁。半圆形后殿的拱顶常常饰有一幅巨大庄严的天主像。

最后要提一下的是被称为"绠带套环饰"的图案，它源于美索不达米亚地区，用在雕刻和装饰性的镶嵌画中。

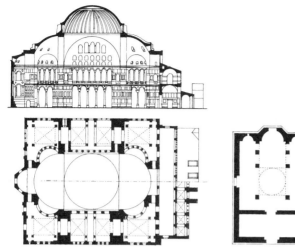

君士坦丁堡，圣索菲亚大教堂，剖面（上）和平面图（下）　　　　　　雅典，小大主教府

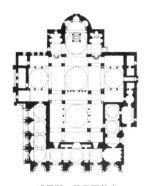

威尼斯，圣马可教堂　　　　　　刺绣式雕刻品　　　　马赛克（镶嵌画）

绲带套环饰（威尼斯，圣马可教堂）

拉韦纳，圣阿波利纳尔教堂

罗曼艺术　建筑要素

　　罗曼艺术与中世纪封建社会以及修道院体系的大发展处于同一时期。这些热衷于营建活动的修道院对罗曼艺术的形成起过积极的作用。这种风格产生于 10 世纪末期并随着哥特式的诞生而消失，在法兰西岛大区（巴黎及附近地区——译者注）应是 1140—1150 年，在别处则为 13 世纪初叶。

　　罗曼艺术分两个时期：第一是罗曼艺术（从 10 世纪末至 11 世纪的后三分之一）的产生时期，第二为罗曼艺术的成熟时期。

　　平面布局——巴西利卡式长方形教堂平面布局（与拜占庭艺术相比较）占主导地位，但有多种演绎版本。在发展中添加了侧殿，增设了耳堂，其间插入了小祭室（偏祭室）。在祭坛周围也分布着小祭室，这样就扩大了教堂后部圆室的规模。教堂地下室（从前某些教堂埋葬死者的地方——译者注）有时挖在建筑物东部的下面。

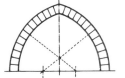
尖拱
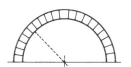
圆拱

　　拱顶——一般为半圆形拱顶，尖拱顶不常见。与一通到底的筒形拱相比，肋骨式筒形拱更受青睐。这是一种旨在加固拱顶的横向拱肋。罗曼艺术的历史在很大程度上可以概括为：通过逐渐收小顶部或平衡拱推力的办法，将拱顶扩大至整个建筑。

　　交叉拱穹——它由两个筒形拱顶交错而成。这种交错形成突出的穹棱，能更好地分担拱穹的推力。

　　穹顶——大堂与耳堂交错处上方可以是穹顶。下边或许是突角拱，或许是帆拱，在第二种情况下，这些成分便于方形布局（在耳堂交错处）过渡到圆形布局（穹顶的层次），而在使用突角拱时可过渡到八角形布局。

　　开间——这是由墙面的垂直成分限定的空间。这些附墙柱或壁柱支撑着肋骨式筒形拱的拱底石，决定着开间跨度，并将拱顶与其支柱连接起来。

　　扶垛——这些突出在外的巨型砖石构件的用途在于加固外墙以缓冲拱顶推力。

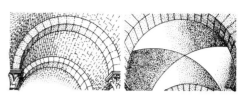

肋骨式筒形拱　　　　　交叉拱穹

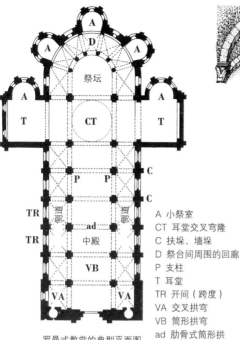

A 小祭室
CT 耳堂交叉穹隆
C 扶垛、墙垛
D 祭台间周围的回廊
P 支柱
T 耳堂
TR 开间（跨度）
VA 交叉拱穹
VB 筒形拱穹
ad 肋骨式筒形拱

罗曼式教堂的典型平面图

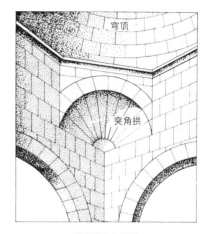

突角拱上的穹顶

双开间

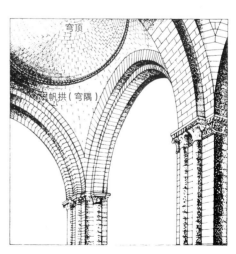

帆拱（穹隅）上的穹顶

除来自古希腊－罗马装饰的全套保留图案（波状叶旋涡饰、希腊方形回纹饰）外，必须强调经由拜占庭以及古代伊比利亚半岛的伊斯兰教传来的东方建筑艺术的影响，以及凯尔特人传统的经久不衰的作用。

几何图案——这些样式为数众多：套环交织图案、希腊方形回纹、褶带饰、人字形条纹、圆环图案、凹凸方格饰等等。

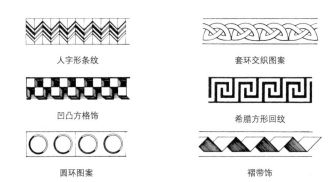

人字形条纹	套环交织图案
凹凸方格饰	希腊方形回纹
圆环图案	褶带饰

飞檐托——这是置放于檐口下面的小托座，上面常刻有圆花饰或妖怪的头。

柱头——其花篮饰中有几何图案（套环交织图案、椭圆饰）、植物图案（棕叶饰、波状叶旋涡饰）、动物图案（带翅鹰头狮身怪兽、对峙的狮子）或人像饰（取材于《圣经》场景）。它可能演变自古代科林斯柱头，那时忍冬草图案出现在转角处的涡卷饰中。但也有不同种类的比较粗糙的雕凿方式：主要分布在法国东北部的源于拜占庭的立方柱头，上面的扁平浅浮雕为植物或几何图案；倒置金字塔般的柱头源于西班牙摩萨拉布（指效忠穆斯林征服者但仍信奉基督教的西班牙人——译者注）艺术。并置柱柱头包括一个分成两部分的花篮饰，以便放置在两根不同柱子的柱身上。

大门——最成功的范例为朗格多克（法国南部旧省——译者注）式大门。门楣楣心的半圆形空间覆盖着雕刻。表现《最后的审判》内容的题材占据中央，庄严的基督置身椭圆形光环中。过梁由一根中央柱子——门像柱支撑。门边两侧壁上饰有《圣经》人像柱。没有门楣的大门的正面拱券饰中往往设置有多层拱顶曲面，这种做法在西部尤为常见，如普瓦捷的圣母大教堂。

多拉德并置柱柱头（图卢兹）

挑檐的托饰

立方柱头

棕叶饰

科林斯式派生柱头（欧坦）

A 门楣中心
B 过梁
C 门像柱
D 拱顶曲面
E 门侧墙
F 拱脚柱

《最后的审判》中带椭圆光环的庄严基督

莫阿萨克教堂大门

罗曼艺术　早期阶段

　　早期罗曼艺术于公元 1000 年左右出现在意大利北部。继而扩展到法国南部直至卡塔卢尼亚地区和西班牙，之后沿罗讷河谷向上延伸。

　　平面图——没有耳堂的巴西利卡式教堂设计占主导地位，这是受来自拉韦纳早期基督教建筑艺术的影响，唯一的中殿直接通向半穹顶的后殿。若是重要的建筑物，教堂设有侧殿，三条殿廊各配有一个同朝向的半圆形后殿。

　　拱顶——首先在教堂地下室中实验性地加以实施，然后在教堂的主殿上使用。分为不同类型：连续的半圆筒形拱顶，不久便由横向拱肋支撑，还有交叉拱顶。这些拱顶荷载不大，落在四角形或十字形的墩柱上。带耳堂的教堂通常在交叉甬道上方有一个钟楼，它的圆穹顶置放在突角拱上。

　　装饰——建筑物由粗面的薄石料砌成，装饰图案限于由意大利北部泥瓦匠引入的伦巴第（意大利北部大区——译者注）带状饰。这是一种微微突起的垂直条带，其顶部由盲连拱相连。在这一简单的装饰体系之上，配合以轮齿状的檐壁与教堂后圆室的壁龛，为的是赋予墙面以生气。

　　雕刻——出现在礼拜仪式的家具（祭坛桌，祭台间栏杆的护面板）中，在建筑物上用来装饰正立面的雕花板，并且很自然地出现在柱头上。后者可能出自科林斯式柱头或来自于加工简拙的立方柱头。工匠们还制作一种扁平浅雕并将它雕凿成阴刻，装饰图案来自植物（忍冬草叶饰、棕叶饰）或纯粹几何图形和线条（套环交织图案）。不过，用粗略线条表现的人像一再出现，如在建于 1019—1020 年的圣热尼－德－方丹教堂的过梁上。

伦巴第带状饰装潢的（教堂后）圆室

立方柱头

齿状装饰

有三个同向半
圆形后殿的教
堂平面图

陶勒教堂的钟楼和后圆室（卡塔卢尼亚）

独石柱连拱上的简形拱顶
（圣马丁－都－坎尼古教堂）

圣热尼－德－方丹教堂的过梁

罗曼艺术　第二时期的建筑

罗曼艺术的第二时期始于 11 世纪最后三分之一的光景，并在整个西欧发展起来。它标志着前一阶段研究的成果。这是一个营造宏伟建筑并构建大规模雕刻和绘画装饰的时代。

平面图——两种设计得到特别大的发展：本笃会风格的带有同朝向及分级排列祭室的平面布局，和带祭台间周围回廊及后殿环形小祭室的平面布局。后一种设计特别便于信徒们在祭坛周围活动，因此为众多朝圣的教堂所采用，如弓克市圣富瓦教堂以及奥弗涅教堂。后部圆室的这类规划，可以使人感受到从小祭室群到钟楼的立体的和谐重叠的体量效果。

台廊——主殿两侧的侧殿上方可以加一层台廊，这是朝主殿敞开以迎接信徒的长廊。台廊的作用在于减轻中央穹顶的推力从而增加建筑物的稳定性。奥弗涅教堂还把它建成两层，包括大型连拱廊和盖有半筒形拱穹的台廊。在这种情况下，大殿只有间接的微光照射；反之，许多教堂没有台廊，普瓦图的"教堂－市场"侧殿的高度就与中殿一致。

楼廊——这是在大型连拱廊之上朝大殿敞开的一连串窗户。在诺曼底地区楼廊取代台廊。

拱穹——人们已完全掌握盖拱顶的各种方法。在勃艮第和诺曼底地区，主殿上方的交叉拱或圆形尖拱在减少推力的同时，可以容纳三层高的建筑（大型连拱廊、楼廊、高窗），并因此拥有来自殿堂的直接采光。在阿基坦（法国西南部——译者注）地区，十分宽敞明亮的唯一殿堂的屋顶与穹隅上成排的穹顶相连。

支柱——形状日益复杂，有十字形附墙柱、嵌入墩柱的圆柱，普瓦图地区特别流行四瓣叶形支柱。

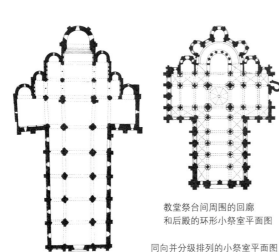

教堂祭台间周围的回廊
和后殿的环形小祭室平面图

同向并分级排列的小祭室平面图

殿堂经高窗直接采光
（巴雷－勒－莫尼亚勒教堂，勃艮第地区）

A 耳堂
B 后部圆室
C 交叉穹隆的钟楼
D 祭坛的半圆形后殿
E 祭台间周围的回廊
F 环绕后殿的小祭室群

奥弗涅教堂的后圆室
及中殿剖面图

普瓦图市场教堂中殿剖面图

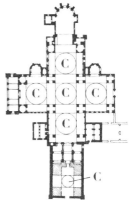

教堂穹顶（C）排列平面
图（佩里格的圣弗龙教堂）

罗曼艺术　第二时期的雕刻装饰

　　第二时期罗曼艺术的特点是大型雕刻装饰的发展。象牙雕刻、彩绘书籍插图、纺织品都为它提供样板。罗曼式雕塑占据着建筑物的主要之处，从而突出了它的线条和结构。它的宏伟和力量来自于这些手段以及它为自己定下的法则。

　　几何简图——罗曼雕塑艺人运用几何图形来明确其构图的十字轴线：圆形、方形、三角形、菱形。由此产生有时犹如舞蹈姿态的形体、纷乱的褶皱、旋动感以及一种重图形轻体量的时尚。

　　动物装饰——罗曼风格里的动物装饰十分神奇。其中有许多双头狮、狮头羊身龙尾的吐火怪物、带翅膀的美人鱼以及拟人怪兽。一般说来想象成分大于模仿自然的成分。

　　专题雕塑——这种雕塑出现在柱头（一座修道院祭台回廊周围或长廊上）以及正门上。这样的专题雕塑对发展复杂的圣象主题规划有益处。从这个角度看，专题雕塑对克吕尼隐修院的影响至关重要。

　　正门——是朗格多克地区确定了雕刻大门的式样。穆阿萨克市教堂三角楣上的雕塑展现了朗格多克风格的典型手法：两腿交叉的人物身材修长并充满活力，打褶的衣纹赋予人物以生气。勃艮第地区的雕塑在题材和构图的处理上都很精巧。欧坦（法国地名——译者注）富于创造力的优点一方面来自天然的活力，另一方面则是得益于古代范例的和谐感。在奥弗涅地区占主导地位的是一种比较着意刻画的叙事式的现实主义。在弓克市圣富瓦教堂的《最后的审判》中，人物短粗，连成不同的长条装饰，其中包括在过梁两斜面上的雕塑，这种做法在法国中部流行。普罗旺斯地区保存着古罗马的记忆。这些痕迹表现在三角楣、檐壁、壁柱、有凹槽的圆柱之上，还通过希腊方形回纹饰、卵饰、忍冬草叶饰以及波状叶旋涡饰这样的装饰语汇流传下来。

欧坦（地名）的夏娃

阿尔勒的圣特洛费姆隐修院

圣吉尔－都－加尔教堂的正门

稣伊雅克（地名）的先知伊萨

弓克市圣富瓦教堂的过梁

哥特艺术　建筑构件

哥特艺术始于 12 世纪中叶并于 13 世纪随着大教堂的修建而达到它的巅峰时期。

尖顶拱——由两段不同圆心的弧形组成，其尖角的大小取决于两个圆心的距离。

尖形拱肋交叉的拱顶——这是一种由肋条或尖形拱肋加固的拱顶。推力作用于拱顶的四个拱底石上，因此给人以轻盈的感觉。最初的哥特式拱肋的拱顶是隆起的，在罗曼时期已有过类似实验。但很快就变成尖形，为的是降低拱顶推力的强度。尖形拱肋的交叉拱顶分为两种：六分拱顶与四分拱顶。前一种交叉拱顶补充有一条中间尖形拱肋。它的肋条划定了包括作为框架的拱穹之间的六个空间：横向拱肋及侧向拱肋（努瓦永、巴黎、拉昂的大教堂）。这种拱顶含两个跨度。负荷的分担是不平均的：粗的墩子承受着尖形拱肋和横向拱肋拱底石的重量，而细的墩子则只承担中间尖形拱肋拱底石的分量；反之，采用一边比另一边长的四分拱顶设计就没有这些弊病（亚眠大教堂、兰斯大教堂）。此时大殿的跨度和侧道相一致。所有墩子承受同样的负荷，因而不再需要变换墩子。

斜向推力——一座哥特式建筑是一个奇妙的平衡体系，其斜向推力由扶拱垛支撑。作用于圆柱柱头 (C) 的侧道推力被墩柱 (P) 的垂直负荷抵消。

墩柱——最常见的柱型为中心柱的四角上有四根附墙圆柱（亚眠大教堂），但也可以有更复杂的设计。

不同的墩柱类型：

A　十字形柱
B　四周嵌有圆柱的方形柱
C　四瓣叶形柱

横向尖拱拱肋

侧向拱拱肋

对角拱拱肋

尖形拱肋交叉的拱顶

四分拱穹顶（亚眠大教堂）

D
C
B
A

起拱石

P

扶拱垛

侧道

C

斜向推力

斜向推力

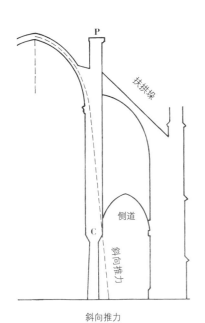

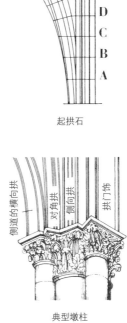

侧道的横向拱

对角拱

侧向拱

拱门饰

典型墩柱

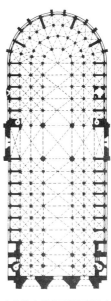

六分拱穹顶（巴黎圣母院）

哥特艺术　结构的演变

　　哥特艺术分为四个重要时期。首先是 12 世纪诞生于法兰西岛的早期哥特艺术；之后从 12 世纪末到 13 世纪中叶随着大型教堂在法兰西岛及香槟地区的修建，哥特风格艺术得到充分展示，进入了它的经典时期；再后来，随着辐射状哥特式及火焰哥特式的发展，进入哥特式晚期，一直延续到 16 世纪初。整个哥特时期，人们在减轻建筑负荷方面进行着不懈的努力。加之对高度的追求以及采光的改善，后者得益于墙体的逐步剜空。

　　努瓦永大教堂——哥特艺术早期的六分拱顶仍呈隆起状，由扶壁垛支撑，此时还未曾由扶拱垛支撑，因为后者到 13 世纪才得到普遍使用。六分拱顶因此分为粗墩（以承受成对角线的尖形拱肋的压力）和细墩（以支撑中间尖形拱肋拱底石的重量）。像在巴黎和拉昂一样，大殿的高度分为四层：连拱廊、台廊、楼廊和高窗。

　　沙特尔大教堂——台廊消失。这样便于加大窗子并提升大殿的连拱廊。重新使用四分拱顶缩短了跨度。支柱由四边嵌有四根圆柱的柱墩组成，这延续不断的簇柱，与穹顶拱肋相连接，或以拉长的方式成为它们的延伸。所有这些做法都可以在兰斯大教堂看到，只不过更轻巧些。

　　亚眠大教堂——大殿给人以高耸的感觉。光线变得更强，这是由于大殿彩色大玻璃窗的扩大和楼廊（教堂侧廊上部的排窗）深处墙壁的开窗采光。13 世纪末在整个教堂使用侧廊上部排窗的做法令大殿光线充足。

　　鲁昂圣旺大教堂——到 15 世纪楼廊趋于消失。混同高窗，它们具备同样的垂直中梃。整个开间成为一面巨大的彩色玻璃窗。

　　平面图——这些教堂的平面布局的特点是宽阔的耳堂以及扩大的祭坛，常带有双回廊，周围是呈冠状排列的偏祭室。

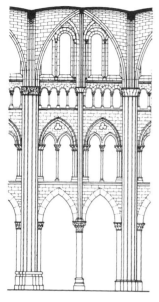
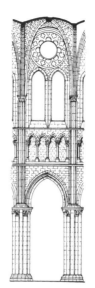

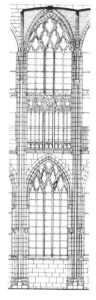

努瓦永（1150）　　　　沙特尔（1200）　　　亚眠（1250）　　　鲁昂，圣旺（1450）

亚眠大教堂，楼廊剖面

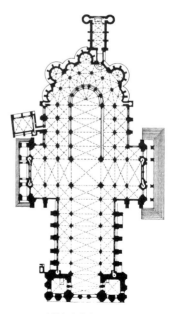

沙特尔大教堂，平面图

哥特艺术　扶拱垛

作为哥特式建筑平衡体系的主要装置，扶拱垛的作用在于承受来自侧道顶上的大殿穹顶的推力。这样一来，可以大大提高穹顶的高度，并不断增加墙面的面积，此时后者已不再是一种支撑，而是围墙。

亚眠大教堂——扶拱垛起始时十分简单，只有一个拱，但很快就像在亚眠大教堂中那样，变为两层，为的是支撑来自推力点上方和下方的推力。

沙特尔大教堂——为了增加这些双层扶拱垛的抗力，建造者们想出一个主意，像沙特尔大教堂那样，采用一种小连拱廊模样的横向支撑将两个拱连成一体。

博韦教堂——博韦教堂的祭坛拥有双侧道，扶拱垛建有两进拱臂，中间是一根大胆的具备平衡功效的支撑柱。

雨水由一个檐沟排向檐槽喷口，后者将其喷向远离墙壁的地方。

兰斯圣母院——为了避免墩子或支撑柱在拱顶的推力下失去平衡，在支柱上修一个叫"小尖塔"的小建筑物，兰斯的小尖塔因其优雅的造型而闻名。这些小尖塔上端镂空，里面装饰有展翅的天使。

阿布维尔教堂——到15世纪扶拱垛中间被掏空。人们在其中采用与拱顶推力反向的曲楣。在扶拱垛中甚至还有细致的雕刻以及曲楣和反向曲楣，这些都是当时火焰哥特式喜爱的装饰。

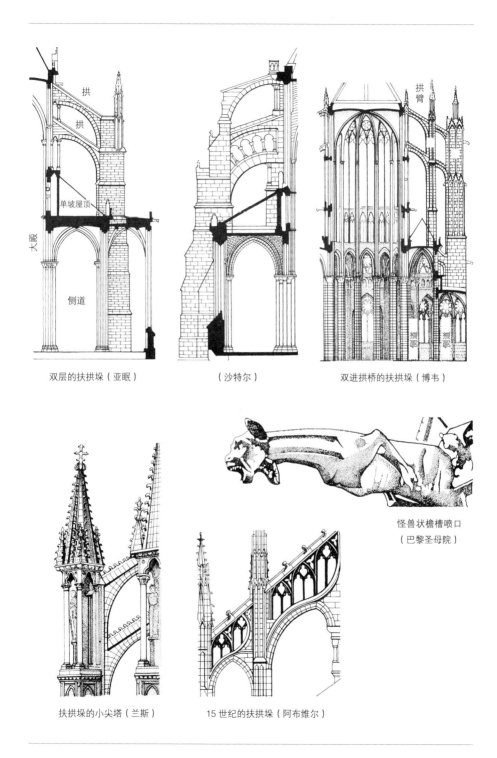

拱

拱

单坡屋顶

大殿

侧道

双层的扶拱垛（亚眠）

（沙特尔）

拱臂

侧道　侧道

双进拱桥的扶拱垛（博韦）

怪兽状檐槽喷口
（巴黎圣母院）

扶拱垛的小尖塔（兰斯）

15 世纪的扶拱垛（阿布维尔）

哥特艺术 扶拱垛 **41**

哥特艺术　窗子和圆花饰

　　哥特式的窗户是一个独立于主体工程之外的石框结构，是"真正的"（哥特式建筑物窗户的）窗体，1210—1220 年，因首次在兰斯圣母院辐射状偏祭室中出现，故又称"雷莫阿"（意为"兰斯的"——译者注）。于是这一雷莫阿操作方式替代了在承重墙上"凿开"窗户的做法，后者在沙特尔大教堂继续延用。

　　眼洞窗——流传最广的哥特式窗户式样由两个尖拱（即超半圆挑尖拱）和一个圆花窗构成，后者实为眼洞窗，位于上部。

　　这种眼洞窗的装饰各式各样，沙特尔教堂大殿十分美丽的窗户沿边的四叶饰引人瞩目；在兰斯大教堂里环绕中心的则是垂花饰（也叫作"花瓣饰"）。带窗体的窗户的式样，为一个由环形圆盘饰加上突出的眼洞窗及其下方的两个尖拱的组合，尖拱本身也有一个圆盘和一些小圆柱子。

　　圆花窗——圆花窗的作用在于给大殿和耳堂的穹顶采光。其体积有时十分可观，可以达到直径十米。为了抵御风的推力，人们寻求不同的组合：最常用的是一种轮状结构，其辐射线为一些小圆柱，中为空心。沙特尔大教堂（耳堂）以及巴黎圣母院（立面）的圆花窗就是此种构造。后者有两圈同心的小连拱，最外面一圈小连拱比中心一圈多一倍，目的是增加其牢固程度。

　　兰斯正门的大圆花窗由一个尖顶拱环绕，从下面的拐角到顶部全是镂空的。

　　彩绘大玻璃窗——这是一种半透明的彩色装饰，主体为染色的玻璃，由灰色烘托，窗框上卡住玻璃的铅条勾勒出图像的轮廓。随着窗户体积的日益增大，颜色系列的使用也相应变得更强烈。1260 年之后，色调变得明快了，人们更多采用银黄和浅灰。最美的彩绘窗群保存在沙特尔和勒芒的大教堂中。

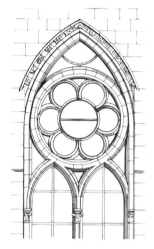

眼洞窗（沙特尔和兰斯）

沙特尔（耳堂）

巴黎（西立面）

兰斯（西立面）

哥特艺术　装饰要素

众所周知，13 世纪是哥特艺术的全盛时期。14 世纪在装饰上滥用以线脚饰为主导的几何图案，15 世纪则出现装潢的过分使用，而在 13 世纪，人们看到的是建筑与雕塑的珠联璧合。

大门——每一个同心拱，连同统称为"拱缘饰"的"拱顶曲面"，均由其"拱脚墩"支撑，在这里就是一根小圆柱。在拱缘饰上方是被称作"大门山花"的大人字墙，它与另外两个"山花"之间各被一个小尖塔隔开。过梁和拱缘饰之间的空间便是门楣。

拱顶石——这个名称指的是拱顶最高处、拱券交点上的那块雕刻的石头。此处这块来自巴黎田园圣马丁教堂的 13 世纪的拱顶石的叶饰构思巧妙，引人瞩目。

植物——13 世纪的雕刻工匠忠实地再现自然的植物，到 15 世纪，人们寻求表现像菊科、长胜花或皱叶甘蓝这样轮廓很不规整的植物。

柱头——基点是科林斯式柱头，13 世纪时其涡卷饰由被称作"卷叶饰"的叶芽组成。它们令人想起因充满汁液而膨胀起来的叶芽，并像蕨类的主干一样盘绕。常见的是两排卷叶饰。到 14 世纪，叶饰随柱头一道变小。

花叶饰——这种十分常见的装饰像棱柱形茎干的花束顶部，由一个中央花蕾及分两层环绕主干的四个叶卷饰组成。13 和 14 世纪末，这些花蕾演变成水生植物或者是弯曲并且呈锯齿状的藻类叶子。叶饰在 15 世纪有很大发展。

小尖塔——在哥特时期可以看到这种小尖塔，棱柱体基座上是带叶卷饰的细长棱锥体。到 15 世纪，如图中所见，其基座饰有两个小火焰拱，其交点在中轴线上。

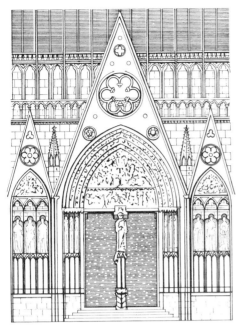

大门（巴黎圣母院）

拱顶石（13世纪）

壁板，13世纪（兰斯）

柱头（13世纪）

壁板（15世纪），位于祭坛上（亚眠）

13—15世纪的花叶（枪头）饰

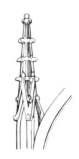

（墙垛上的）小尖塔

哥特艺术　辐射风格

13世纪中至1370年间，墙体剜空的趋势愈演愈烈。教堂几乎像一个大玻璃笼子。"辐射风格"的称谓缘自正祭台间形状如同辐线四射的轮盘般的圆花窗。巨大的窗体取代简单开凿的窗子而成为墙壁。当人们不再满足于教堂楼廊的顶部排窗采光时，三层的"夏尔特朗"（"沙特尔的"——译者注）式有时会被改成两层。

兰斯大教堂祭坛周围的三角形玻璃窗楼廊的突然出现，在一定意义上标志着一种精致的艺术的起始，其年代正相当于圣路易在位的时代。

圣徒小教堂——窗体的出现以及实墙的消失使建筑物简化为一个骨架，一个由拱和支撑组成的体系。在这里，空间的开拓和墙体的剜空似乎在向地心引力定律挑战。事实上，唯有集结在外面的强有力的扶垛，才可能使这一教堂拥有飞翔般轻盈的总体结构。另一方面，窗户拱缘饰上的每一个山墙的重量都有助于减轻拱侧的负担从而顶住推力。圣徒小教堂堪称切割术的杰作，同时，这一做法中表现出来的精妙的果敢胜人一筹，比如将下层教堂的拱顶设计成为底座。

巴黎圣母院大殿的圆花窗——加强殿堂采光的需要和愿望导致在耳堂里大量使用圆花窗，致使它们也失去砌筑墙体。于是空灵压倒了实体。在过分加大的眼洞窗周围，窗框的角石也变成镂空的了。从圆花窗到楼廊，彩色玻璃窗占据了立柱间的整个空间。

扶拱垛——由于受到普遍减轻墙体负担的影响，扶拱垛拱背和拱腹之间的砖石层也被四叶饰、圆花饰镂空。

巴黎圣母院的南耳堂

巴黎，圣徒小教堂

哥特艺术　火焰风格

窗子和栏杆——14世纪末到16世纪初的火焰风格得名于窗棂的构架，它们曲折蜿蜒如风中摆动的火焰。这一构架由两部分组成：一个拉长的四叶饰构成的"变形皮老虎窗花格"（S）和一个带叶瓣饰类似波状纺锤的"变形短剑窗花格"（M）。

火焰拱（又称大括号拱——译者注）——由两条曲楣和反转曲楣组成，两边常配有两个小尖塔，这种拱形是15世纪火焰风格的特点之一。

墩柱——十分常见，尤其在法国东部很流行，为一种无柱头的圆柱，顶部直接与拱肋相连，其间既没有隔断也没有中间层。

拱顶——类似藻井式天花板，拱顶有新的拱肋，即枝肋和居间肋，从而构成星形构架。这种平拱顶有华丽的装饰以及垂悬式拱顶石。

开间——哥特艺术不断追求更高耸、更轻盈和更明亮的进程，到15世纪水到渠成，鲁昂圣马克娄教堂的大殿便是这一演变成果的典范：墩柱不间断，换句话说一直耸入拱顶，中间没有柱头，楼廊并入高窗，整体形成一列巨大的排窗。如同巴黎地区所有的教堂一样，圣日耳曼－奥克塞尔教堂的纵开间也缩减为两层，即大型连拱廊和与之相连的高窗。

大门洞——正门上的山花突出了大门洞的垂直划分，后者由墙垛间有节律的三重拱券组成。山花细长的尖端常常直插楼廊和圆花窗，从而突出了钟楼、小尖塔和所有尖顶强劲向上的冲势。著名的火焰式建筑有鲁昂的圣旺教堂大殿和圣马克娄教堂、旺多姆的三位一体教堂、迪耶普的圣雅克教堂、埃宾的圣母院、洛林的圣尼古拉－德－波赫教堂、阿布维尔的圣乌勒弗朗教堂。

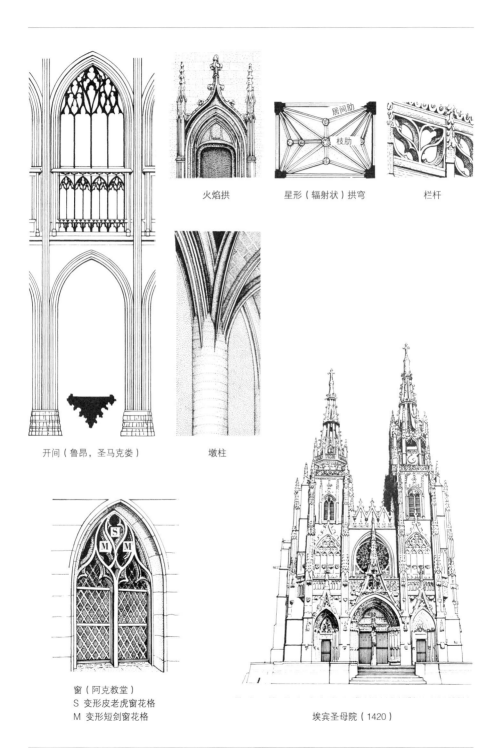

火焰拱　　　　　星形（辐射状）拱穹　　　　栏杆

居间肋

枝肋

开间（鲁昂，圣马克娄）　　　墩柱

窗（阿克教堂）
S 变形皮老虎窗花格
M 变形短剑窗花格

埃宾圣母院（1420）

哥特艺术　传播与变异

诞生于法兰西岛及香槟地区的哥特式风格，以独具特色的变异形式向外省及外国传播。

安茹——流行于安茹（昂热的圣塞尔日大教堂）、普瓦图（普瓦捷大教堂）和曼恩地区的哥特式建筑的特点是穹顶高高隆起，并带有许多仅仅作装饰用的拱肋。作为支撑的立柱也极为优雅。

勃艮第——忠于传统，沿用六分拱穹（第戎圣母院）以及与沙特尔式样截然不同的宏伟风格。沙隆大教堂和讷韦尔大教堂则稳固了这种勃艮第风格的总体构图。

南部——在朗格多克和普罗旺斯地区，哥特式采纳的是只有一个大殿的设计，内部常有凸起的扶垛，有时还建造一些如同阿尔比的圣塞西尔教堂那样有防御工事的教堂；反之，巴约讷、克莱蒙、利摩日等地则再现法兰西风格。

西班牙——托莱多、布尔戈斯，尤其是莱昂地区忠实地模仿法国哥特式的一系列总体构图。

英格兰——尽管英国的哥特式起初与法国诺曼底地区联系紧密，沿用尖形拱、环形台廊和高窗等做法，但不大遵循其结构及布局的逻辑。随着来自法国辐射式装饰或曲线风格的问世，出现了火焰拱。一种不间断的动感贯穿于拱肋之间，或将它们组成网状以及波浪形的体系（伊利大教堂）。英式穹顶因有由枝肋和居间肋构成的星形的新拱穹而变得复杂。窗棂的构架在法国之前已是火焰式的了。15世纪流行垂直式，这个名称来自带纵横线条的窗户的长长中梃。人们使用一种有四个圆心的"都铎式拱"以及常为线脚环绕的钝角式拱。沉重的悬垂拱顶石以及呈扇形的拱肋（佩得伯勒大教堂）常使穹顶显得极为复杂（威斯敏斯特大教堂和温莎小教堂）。

意大利——由于拜占庭传统的抑制，哥特风格依仗一些修士会才得以进入阿西西（意大利中部地区——译者注）；另一方面，托斯卡纳地区以独特的方式使其服从于自己的标准及平衡精神（佛罗伦萨大教堂）。

都铎式拱

钝角式拱

扇形拱顶（佩得伯勒大教堂）

阿尔比的圣塞西尔教堂

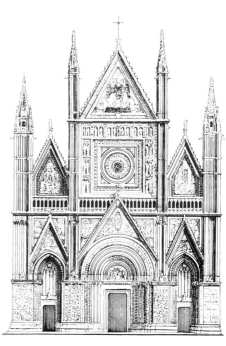

奥尔维耶托大教堂

哥特艺术　民用建筑和家具

窗户——在罗曼时代，人们已见过的样式"双窗"，在中轴位置的是一个小圆柱，辅助拱下面有一个小窗洞。到了15世纪，有时过梁上有一个小的大括号形装饰，有时像在贡比涅市政厅那样，由石料中梃隔成十字形窗户。上面有一个巨型的大括号形拱。这也可以是个尖顶反弧线拱。

老虎窗——最华丽的是15世纪的老虎窗，它们的形状已预示着文艺复兴时代的到来。一种类似小连拱廊或扶拱垛的排窗将窗楣和两侧的小尖塔相连。布尔日的雅克·科尔府邸是15世纪最负盛名的住宅。

市政厅——最美的范例在佛兰德斯地区（布尔日、杜埃、阿拉斯、圣康坦）。如同在贡比涅那样，最杰出的部分是带尖顶的钟楼或中心塔，上面有凸起的哨楼般小尖塔。

门——用一条条木板拼成，有时由门合页的"阴页"横贯进行加固。阴页是置于合页的阳页之上的铁条。

壁炉——一直到14世纪，圆锥形的通风橱仍是一种准则，壁炉的侧墙饰有小圆柱，起初没有饰物的层间腰线到了15世纪才布满装饰。

家具——板面的装饰性雕刻包括火焰式窗户的表现形式，或一种被称为"餐巾"或"打褶的羊皮纸"的装饰。主要的家具是木箱和餐具柜，后者上部常做成悬空状。高靠背并带有顶盖的"主教座"或"主教宝座"是家长的座位。

市政厅（贡比涅，15 世纪）

老虎窗（鲁昂，15 世纪）

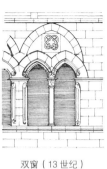

双窗（13 世纪）

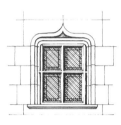

大括号形拱窗（15 世纪）

壁炉（希农城堡，14 世纪）

餐具柜面板
（巴黎，克吕尼博物馆）

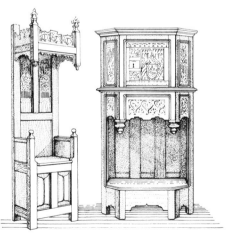

主教座和餐具柜（巴黎，装饰艺术博物馆）

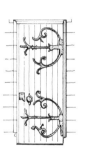

窗门合页的阴页

餐巾纹

哥特艺术　军事建筑

城堡——城堡的防御体系包括一个筑有工事的院子和一至两个围起来的空场，后者依照其重要性而定。城堡主塔原来是位于围场中央的碉堡，后来被放置在围场的一侧；可以保障防卫。一般说来，围场只有一道门另带两个碉堡，如同在阿维尼翁新城一样（见图），位于两个碉堡之间的过道盖有拱顶，由狼牙闸门（一种活动的栅栏门）保卫，经一座吊桥通达。碉堡有时是圆的，有时为四叶形，有时呈鸟嘴状，它们由被称为"护墙"的墙体连接，上面通常有两层巡逻堞道。上层安装有雉堞和枪眼。像在皮埃尔封城堡（见图）那样，碉堡以前常常是筑有雉堞的两层建筑。为了打击墙体下部的进犯者，墙脚做成斜陡坡，以便于投掷物可以在上面连续弹跳。在查理五世统治时期，樊尚城堡的主塔如同巴士底狱一样，拥有一条连续的巡查堞道，只因那里修建了与碉堡高度一样的护墙。

雉堞——这一防御性设计由凹形缺口组成，这种堞形缺口由称为"城垛"的小块墙面隔开。

枪眼——又叫"箭眼"，是在护墙和碉堡上开凿的槽沟。从 14 世纪开始变成十字形，目的是让弓弩手可以进行全方位射击。

突堞——作为墙体砌面的突出部分，突堞是建立在托座上的一种筑有雉堞的护墙。在这些托座之间开有俯射的枪眼。突堞建在护墙和碉堡顶端。

哨楼和望楼——人们常易将以下两者混淆。"望楼"（B）是门上或薄弱之处上端凸起的小屋，"哨楼"（E）则是在角隅处的小楼。

地堡主塔

15世纪的卢浮宫（依照维奥莱－勒－杜克的设计图）

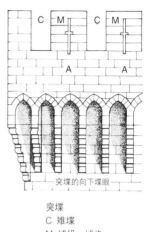

突堞的向下堞眼

突堞
C 雉堞
M 城垛，城齿
A 枪眼

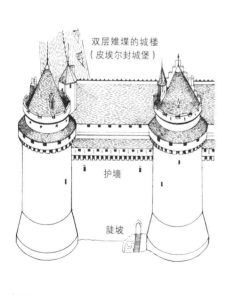

双层雉堞的城楼
（皮埃尔封城堡）

护墙

陡坡

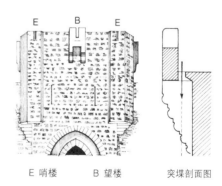

E 哨楼   B 望楼   突堞剖面图

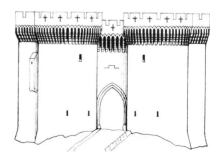

维尔纳夫－勒－阿维尼翁，依据维奥莱－勒－杜克的设计图

意大利的文艺复兴　装饰要素

　　意大利的文艺复兴从 15 世纪延续到 16 世纪。文艺复兴的原意为"重新发现古代"。得益于希腊－罗马遗产的意大利此时不再眷恋中世纪，而是重新将人置于艺术的中心地位，并以此作为其主要标准和绝对依据。在肯定世间凡人分量的同时，意大利通过艺术作品对人的表现，在宣扬理性与精神的新信念方面做出了巨大贡献，这种信念与人文主义一起，开创了通向现代的道路。意大利文艺复兴的第一阶段（15 世纪）产生于佛罗伦萨，当时它是主要的创作中心。

　　波状叶旋涡饰——交错卷缠的忍冬草比古代的模式处理得更为轻盈。

　　裸童（又称普蒂或普智小天使）——佛罗伦萨在复原真人般大小的人体形象的同时，还从古代汲取了裸童这一轻松而诱人的类型，这是小天使与来自丘比特爱神形象的混合体。

　　建筑式框饰——古代流传下来的带有拱、三角楣、圆柱或立柱上的藻井拱顶等的框饰图案。给门窗洞或壁龛做上这种框饰可以突出建筑式的布局。就作为表现中心的事物而言，它们还可以加强绘画、圆雕和浮雕的穿越及透视效果。祭坛后部的装饰屏也常常使用这种框饰办法。

　　圆盘画——通常由佛罗伦萨的德拉·罗比亚（意大利雕刻家——译者注）家庭作坊烧制的陶质环形圆雕饰（圆盘画）是亚平宁半岛广泛使用的构图式样。

　　壁柱和烛台式华柱——在北方，壁柱和雕刻成烛台状圆柱的表面上覆盖着由波状叶旋涡饰、阿拉伯式花饰、花瓶（盆）饰、圆雕饰等混合而成的杂乱装饰。这种"伦巴第风格"在米兰、帕维亚、布雷西亚、科莫和威尼斯占主导地位。

波状叶旋涡饰（罗马，人民的圣母玛丽亚教堂）

圆盘画

裸童（佛罗伦萨，康托利亚大教堂）

建筑式框饰（佛罗伦萨，圣十字教堂）

烛台式华柱和阿拉伯式花饰壁柱
（科莫，大教堂）

意大利的文艺复兴 15世纪的建筑

帕兹小教堂——其创建人佛罗伦萨的布鲁内莱斯基（意大利文艺复兴初期建筑师——译者注），从古代建筑中吸取了逻辑和理性相关联的成分：圆柱、过梁、檐部、三角楣。他根据维特鲁威（罗马建筑师、工程师、名著《建筑十书》的作者——译者注）传下来的罗马著作的基础模数，以精确的数学方式规定了上述成分的比例。由于他的努力，明晰及结构严谨成了文艺复兴的追求。

美第奇－里卡迪宫——这座佛罗伦萨式的宫殿从外部看呈立方形，体积极为庞大，上面有厚重的檐口和巨型凸雕饰，里面是一个带连拱廊的院子（柱廊内院）。

卢彻莱府邸——佛罗伦萨人阿尔贝蒂（意大利文艺复兴时期人文主义者、诗人、学者、建筑师和理论家，并从事数学、制图学和密码学研究——译者注）运用重叠的柱式以及对比例关系的数学计算，使垂直和水平之间的连接更为和谐并合乎逻辑，从而减轻了这一庞大建筑的沉重感。对古代基本原理与日俱增的尊重导致规则布局的出现。

帕维亚的查尔特勒修道院——与上述强调结构的做法相对的，是伦巴第风格中对外表效果以及饰面艺术的追求，后者的繁茂装饰使源自古代的建筑形式趋于解体。看那杂乱的浮雕或圆雕装点下的门窗洞，还有做得像灯架一样扭曲的圆柱，带古典主义倾向的外观还剩下什么？这种装饰风格到15世纪末在帕维亚的查尔特勒修道院正面得到充分发挥。

文得拉明－卡勒基宫——尽管长期受拜占庭和哥特艺术的影响，威尼斯仍保留一种以不对称结构、彩色运用和尖拱顶为特点的建筑风格，如卡多罗宫。随后，伦巴第风格遍及该市，到世纪末又加入了托斯卡纳（意大利中部地区名——译者注）式样。修建于这一最后时期的文得拉明－卡勒基宫的特点是将阿尔贝蒂的布局与本地的审美观相结合：诸如采用彩色墙面，注意建筑物正面的疏密安排，保留中央阳台，以及充分利用光线的变化。

佛罗伦萨，帕兹小教堂（1420）

帕维亚的查尔特勒修道院（1491—1498）

佛罗伦萨，美第奇－里卡迪宫
（1444—1449）

佛罗伦萨，卢彻莱府邸（1446—1451）

威尼斯，文得拉明－卡勒基宫（1481—1509）

意大利的文艺复兴　16 世纪的建筑

小神殿（直称"坦庇埃脱"，罗马蒙托利俄圣彼得教堂庭院内的圆形小教堂——译者注）——16 世纪初罗马的领先地位首先体现在建筑上，这要归功于由布拉曼特（意大利文艺复兴时期建筑师——译者注）开创的宏伟风格，是他正确运用从古代借鉴的柱式，将其与建筑正立面总体布局以及体量的掌控融为一体。他的那些诸如宏伟性、多立克柱式、以希腊十字为中心的平面设计等特点，构成罗马学派并体现在为圣彼得巴西利卡式长方形教堂拟定的设计方案中，他于 1506 年着手该教堂的重建工作，并将它建造为一个规模巨大且带有巴罗克风格的工程。

法尔内塞府邸——小桑迦洛（意大利建筑师——译者注）从布拉曼特那里继承了对建筑结构明晰性的钟爱。因此，他以宏伟性精神确立了这一罗马风格宫殿的模式，其特点为在各部位和布局上的大胆明快，给予建筑物侧翼以新规模，多座楼梯的设置。此外，还将门厅布置得壮观如舞台，该门厅位于正门和庭院之间，深达三个跨度，其间有节律排列的多立克圆柱支撑着饰有藻井的拱顶。建筑物正立面没有叠置的柱式，圣体龛式窗子重复出现，这些都确立了一种将在未来流行的模式。

法尔内辛别墅——佩鲁齐（意大利建筑师和画家——译者注）确立了地处市郊的别墅的模式，那就是它居于花园的中心。建筑师通过两侧翼及中间的连拱廊使整座房子向其绿色的周边敞开。多立克壁柱间的跨度与简单的窗子之间的传统连接来自布拉曼特，但带有完全适合规划的灵活性。

圣马可图书馆——在威尼斯，桑索维诺（意大利雕刻家和建筑师——译者注）将宏伟风格的精确性与本地的口味相结合，为的是使建筑的外表更活泼，充分体现光线的变化作用和虚与实的对比。

卡皮托利广场——米开朗琪罗超常规设计出一种两层楼高的巨型柱式，为的是强调和激活他的宏大的整体构图，切断了三角楣。而在皮亚门上，他又将三角楣榫合起来，使用超大标准的装饰。他为法尔内塞府邸引入了中央阳台的设计，阳台上方有巨大的卷边牌匾，并突出一个宽大的檐口。

罗马，小神殿（1502）

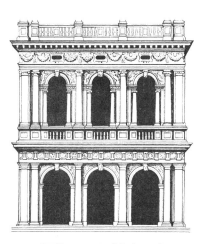

威尼斯，圣马可图书馆（1536）

罗马，法尔内辛别墅（1509—1511）

罗马，法尔内塞府邸（1530—1580）

意大利的文艺复兴 矫饰主义和反宗教改革运动

在米开朗琪罗富于表现力且又令人感到纠结的艺术，以及 1527 年洗劫罗马的政治危机的影响下，文艺复兴那种线条明快及注重均衡的理想猝然中止。取而代之的是矫饰主义，这是一个平衡失调的时期，其特点是对著名的风格模式的过分和不自然的模仿以及创作者"自我"膨胀的加剧。

泰府邸——作为矫饰主义的主要倡导人，朱利奥·罗马诺（意大利画家、建筑家——译者注）选定的是一种充满张力和对比的艺术，其手法是将建筑的正面过度拉长，并充分利用原材料（素面石或凸雕饰）和加工件（多立克式壁柱）之间的强烈反差。在大门上，"乡土风的"框饰的上部覆盖了层间腰线，后者本来是用来标明顶楼的。张力的总体效果来自支撑成分（壁柱）与重量成分（凸雕饰）的对比和材料的不同。

圆厅别墅——在威尼斯地区，自 16 世纪中叶始，安德利亚·帕拉迪奥（16 世纪意大利北部最卓越的建筑师，西方建筑发展过程中最有影响的人物之一——译者注）脱颖而出，在设计如同神庙般的别墅里，他将古代建筑基本原理的正确运用与各部位的明快及整体的和谐相结合。圆厅别墅的和谐来自它的各个几何形体的完美切割，以及建筑物与其自然环境的巧妙融合。在瓦尔马拉纳府邸或在维琴察的"上尉的凉廊"中，帕拉迪奥返回到一种更富于表现力也更别致的接近矫饰主义的风格。他成功地采用了称作"塞里奥式"的三开门洞：半圆形的中央门洞和两侧以过梁覆盖的两个小门洞。

耶稣会教堂——在特伦托主教会议（1545—1563）的影响下，借助反宗教改革运动精神，亦即新教崛起在宗教和艺术上引起的反作用力，罗马在下半个世纪恢复了它的领先地位。罗马人与维尼奥拉（意大利矫饰主义建筑大师——译者注）一道，重新对古代建筑基本原理作更准确的表达。在耶稣会教堂的设计中，维尼奥拉采用了符合反宗教改革运动礼拜仪式要求的拉丁十字形平面布局。由德拉·波尔塔（意大利建筑师，从后期矫饰主义向早期巴罗克建筑发展时期的代表人物——译者注）设计，用倒卷涡形扶拱连接两个楼层的教堂正面的做法，取得了普遍的成功。

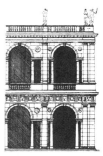

维琴察，帕拉迪奥设计的圆厅别墅

塞里奥式
（维琴察，巴西利卡大教堂）

曼图亚，朱利奥·罗马诺设计的泰府邸（1526—1534）

维琴察，瓦尔马拉纳府邸（1565—1566）

罗马，维尼奥拉和德拉·波尔塔设计的耶稣会教堂（1568）

意大利的文艺复兴　装饰和家具

装饰——宫殿的庭院环绕着连拱廊，上面常有装饰性绘画，如佛罗伦萨的旧宫。在罗马梵蒂冈的敞廊，以及在夫人别墅中，拉斐尔（画家，文艺复兴盛期将意大利艺术发展到最高水平的杰出人物之一——译者注）使用彩色灰墁，这种装饰由大量小型图案组成：由阿拉伯式花饰连接起来的仿宝石浮雕画、狮头羊身龙尾的吐火怪兽、小爱神、圆形或椭圆形雕饰。人们称之为"怪诞装饰"，也就是岩洞画，因为灵感来自15、16世纪在意大利古代遗迹挖掘中发现的绘画。

湿壁画（墙壁上新刷灰浆未干时作上的画）在15世纪已相当流行，包括一些世俗建筑的内墙，比如由曼特尼亚（15世纪意大利北部第一位典型的文艺复兴艺术家，在壁画领域发明了用透视法来掌握总体空间幻境的营造，开创了延续三个多世纪的天顶画装饰画风——译者注）绘制的曼图亚公爵府。到16世纪，壁画被广泛运用在大幅系列寓意画的巨型装饰中，比如拉斐尔在梵蒂冈的施坦兹（教皇寓所），米开朗琪罗在西斯廷教堂的穹顶，以及朱利奥·罗马诺在曼图亚的泰府邸里的作品，等等。柯勒乔（意大利文艺复兴时期重要画家——译者注）在帕尔马大教堂的穹隆内壁首次按透视法缩小在天空翱翔的人像。在模拟一个虚构的天空的同时，他已提前进入透视艺术的巴罗克时代。

15世纪上半叶，人们仍保留中世纪壁炉的通风罩，它由放置在小圆柱上的托架支撑。过梁上有波状叶旋涡饰。不久，人们用金字塔形装饰将壁炉台上的通风罩掩盖起来。

座椅——最流行的扶手椅类型之一是被称作"钳子形扶手椅"的X形座椅。它包括四根成对交叉的支杆，其上端支撑着两个扶手，下端被置于两条底垫板之上。靠背平直或内曲。这种扶手椅常常配有八根X形支杆，而不是四根。

为了搁坐垫，有时放置一块木板，有时是一条宽皮带。

箱柜——外形常常像个石棺，有时放置在成兽爪状的支脚上，有时则在一个底座上。其装饰有雕刻、灰墁饰或用小柱隔开的绘画。另一方面，细木镶嵌受到15世纪绘画透视研究的很大影响。

佛罗伦萨，旧宫的庭院

夫人别墅

梵蒂冈的敞廊

镶嵌箱柜（佛罗伦萨）

X 形座椅
（佛罗伦萨博物馆）

绘画装饰的箱柜（米兰）

法国的文艺复兴　早期的装饰要素

16 世纪出现的法国文艺复兴包括两个大的阶段。第一阶段跨越查理八世、路易十二，以及随后弗朗索瓦一世出兵意大利期间，相当于向意大利文艺复兴的逐步学习阶段，这一潮流首先传到卢瓦尔河流域（1495—1525），之后是法兰西岛（1527—1540）。在这期间，意大利大师们在弗朗索瓦一世被囚禁后获释返回时，创建了一个具有国际声誉的装饰中心，即枫丹白露派。从 1540 年到瓦卢瓦王朝统治结束（1589）的第二个大阶段便是文艺复兴的采纳吸收阶段。从亨利二世起，法国艺术家接替他们的意大利同行发展起一种精巧而独特并越来越雄心勃勃的艺术。

阿拉伯式花饰——引进意大利倾向的式样首先相当于对阿拉伯式花饰的采用及特殊处理。在以形体尖棱和明暗对比强烈为特点的哥特艺术的精细技法之上，添加一种更为柔和的造型并进而将其取代，后者更多用在建筑表面上。阿拉伯式花饰的广泛应用赋予装饰构图以更明显的对称品位。

波状叶旋涡饰——计有裸童、卷边牌匾、贝状花饰、怪面饰、牛头饰、古代风格的对峙鸟组雕。

栏杆——出现了一种名叫"双梨"的式样。

大烛台式华柱——火焰风格与意大利北部艺术的相似性造就了伦巴第风格、米兰风格、帕维亚的查尔特勒修道院风格的成功，当法国人远征意大利时，对后者的繁杂装饰颇为欣赏。为此，很快在卢瓦尔河流域便出现了大烛台状的饰物（将花瓶或花盆重叠为烛台的形状）。

壁柱——同样的影响可以说明为什么壁柱上的波状叶旋涡饰、阿拉伯式花饰和花瓶状饰错综复杂。其平坦的柱身也饰有圆形和菱形图案。

圆雕饰——除其他带仿古倾向的图案之外，还可以看到一些饰有帝王头像和凸起的半身像的圆雕饰。

波状叶旋涡饰（图卢兹博物馆）

栏杆

双裸童（布卢瓦城堡）

圆雕饰
（阿宰勒里多）

大烛台式华柱　阿拉伯式花饰

老虎窗（布卢瓦城堡）

壁柱

法国的文艺复兴　早期的建筑要素

如同装饰要素一样，建筑要素也随意从意大利文艺复兴中汲取灵感。

石板穹顶——天花板和穹顶一般为"藻井"。这里的藻井是由石制拱肋构成的网络支撑的雕刻石板。相交点处为圆花饰，有时是悬垂式拱顶石。

柱头——只有到文艺复兴第二时期（16世纪下半叶），柱头才变成希腊—罗马柱头的复制品，或其灵感直接来自那里。弗朗索瓦一世统治时期对古代样板掌握得还不那么熟练，于是人们毫不迟疑地引进新的装饰要素。

此处所见装饰圆柱顶板中央的传统花饰，变成一个半身雕像或头像，而爱奥尼亚柱式或科林斯柱式柱头的涡形装饰，也变成从豆荚或象征丰收的羊角里冒出来的人像。

悬饰——这里指的是承接悬拱落点的突出装饰，其形状如喇叭口的吊灯。文艺复兴初期的雕塑师们在悬饰上加大量精巧的小图案，比如在尚博尔城堡的悬饰下部装饰着三个细小的托座，上部则有两个裸童以及卷边牌匾。

檐口的贝壳花饰——这种装饰在弗朗索瓦一世时代非常普遍，包括在半圆形盲连拱下的一系列小壁龛，每个底部有一枚贝壳，这种装饰还常伴有小托座或时而倒置，时而直立的托饰，它们置于贝壳状壁龛的上面或下面。

雕花石板穹顶（尚博尔城堡）

柱头（尚博尔城堡）

悬饰（尚博尔）

檐口的贝壳花饰（布卢瓦城堡）

法国的文艺复兴　早期的建筑

老虎窗——法兰西的民族传统体现在建筑正立面的垂直性和饰有老虎窗的高耸屋顶之上，在此高处一般雕刻装饰占上风。带意大利倾向的图案在那里占统治地位。老虎窗洞由壁柱和柱头环绕。上面那带壁龛和三角楣的圣体龛状的图案汇集了贝壳花饰、裸童、阿拉伯式花饰或波状叶旋涡饰和形状如大烛台的小尖塔。

阿宰勒里多城堡——直至1527年，早期文艺复兴主要流行于卢瓦尔河一带，当时宫廷偏爱的皇家宫殿之中。城堡的防御工事尽管已无实际用途，仍被当作装饰成分保留。因此这里的哨楼被改造成凸起的墙角塔。不过在布局上有明显进步，正立面被水平的层间腰线和窗户两侧的重叠壁柱划分成更为均衡的方格。

尚博尔城堡——这里壁柱又回到规则的间距，布局在外表上趋于完善，但这并不反映在结构上，其结构仍属于带有几座圆塔的中世纪城堡一类。屋顶伸出的烟囱、老虎窗和墙角塔构成令人眼花缭乱的装潢。上面有意大利北部风格的菱形或圆形石板、圣体龛以及悬饰。其新颖之处在于内部设计的对称，其中心是一座双螺旋楼梯。

布卢瓦城堡的敞廊——路易十二时已对这座城堡的装饰加以丰富，到弗朗索瓦一世时，首次尝试将梁间距做有节律的安排，但与在敞廊开门窗洞的办法相结合。这种拱廊与两边有壁柱的壁龛的交替，是对布拉曼特的罗马式样板的笨拙模仿。由于建筑的正面没有做完，其装饰也没有像弗朗索瓦一世时期建成的向庭院伸出的一翼那样，采纳一种仿效意大利的装潢。但从建筑的角度，二者都标志着在模仿古代样式上的进步：饱满清晰的剖面替代了哥特式线脚的尖脊。

布卢瓦的敞廊（1515—1524）

老虎窗

尚博尔城堡（1519—1538）

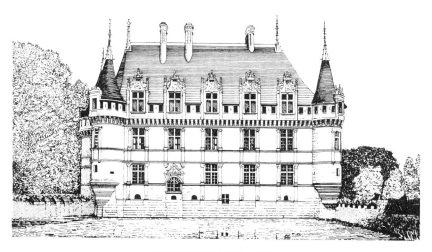

阿宰勒里多城堡（1518—1527）

法国的文艺复兴　枫丹白露派

从 1530 年起，在弗朗索瓦一世吸引到法国来的意大利人罗索（意大利佛罗伦萨画家和装饰家，早期矫饰主义的代表人物，枫丹白露派的奠基人之一——译者注）和勒·普利马蒂乔（意大利矫饰主义画家、建筑师和第一枫丹白露画派的领导者——译者注）的影响下，枫丹白露派抛出一种装饰风格的大型样式，不久之后便在欧洲站住脚。由于灰墁和壁画同墙裙、细木地板及顶棚的配合，大面积的装饰就这样在法国形成了它最早的整体结构。

人像——这些大幅的整体装饰表现的是一组组寓意题材或人像，或者甚至是简单的彩画组合，如在巴黎北郊埃古昂宫壁炉的上方就是如此，在此处人像被置于近景中。但是人像与花环或卷边牌匾一样，只是一种装饰成分，也得服从整体表达和构图的要求。它的比例、标准都得随整体效果的需要而定。总的说来，人像那流畅和修长的外形得益于由罗索及勒·普利马蒂乔引进并加以创新的意大利矫饰主义，这点在由"蛇形线条"画成的裸体女人像上表现得尤为突出。

卷边牌匾与皮革——由于罗索的努力，枫丹白露派提高了卷边牌匾的装饰功效，办法是将它与旋涡饰以及灵活的仿剪花皮革纹样相结合。这种做法获得了普遍成功。

灰墁的框饰——灰墁的引进丰富了壁画或圆浮雕边框的雕饰。似乎应归功于罗索的这一框饰方案如下：在皮革波纹以及壁龛的空当之间，活跃着人像、裸童、水果编织的花环、牛头饰、林神（羊角羊蹄的半人半兽神——译者注）、怪面饰。枫丹白露宫的弗朗索瓦一世画廊的十二幅长方形壁画板周围就被赋予了这种华丽的造型装饰。在罗瓦隆宫和埃古昂宫也可以看到类似的整体装饰，不过那里的灰墁组合已被制作得具有逼真的透视空间效果了。

卷边牌匾和剪边皮革纹（枫丹白露）

人像装饰
（枫丹白露，埃当普公爵夫人房间）

人像装饰（枫丹白露，埃当普公爵夫人房间）

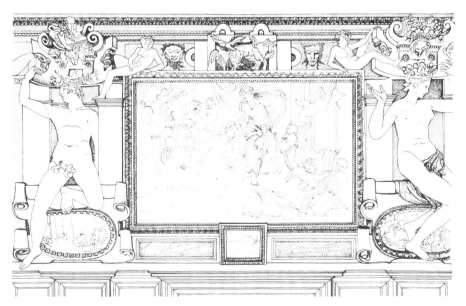

灰墁的框饰（枫丹白露，弗朗索瓦一世画廊）

法国的文艺复兴　　二期的装饰要素

16 世纪初出现的文艺复兴的第二阶段标志着这一风格的成熟及其民族化的进程。从 1540 年开始，新一代的法国艺术家便致力于将古代教程、意大利文艺复兴与民族传统进行别开生面的综合。那时菲利贝尔·德洛尔姆（16 世纪文艺复兴时期法国伟大建筑师之一——译者注）、皮埃尔·莱斯科（16 世纪法国伟大建筑师之一，他的带有装饰性的风格成为法国建筑古典传统的基础——译者注）、让·比朗（1562—1598 年法国宗教战争时期的主要建筑师——译者注）以及雕塑家让·古戎（法国文艺复兴时期的雕刻家——译者注）确立了一种精巧的建筑和装饰风格。

柱式——出于对古代基本原理的尊重，柱式的使用服从于建筑物的用途并需符合逻辑。进行重叠时，遵循由厚重到轻巧的原则，首先支起多立克柱式，其次是爱奥尼亚柱式，最后是科林斯柱式。对每种柱式进行独立的处置，这涉及其外形以及柱础、柱头、檐部还有柱身的尺寸。作为调节要素及对称成分，柱式决定着建筑物正立面的布局。为了掩盖鼓形柱段之间的接缝，德洛尔姆在古典类型之外增添了法式多立克柱和爱奥尼亚柱，其形式是在圆柱或壁柱的柱身缝隙处镶以装饰环或大理石条。

信息女神——经常置于拱隅中和眼洞窗周围，其灵感来自君士坦丁凯旋门。手中常持有棕榈枝或花冠。

怪诞装饰——经常出现在波状叶旋涡饰构图中，上面有羊角羊蹄半人半兽的林神、狮身人面鹰翼怪兽、帷幔以及花环。

胸像柱和女像柱——主要出现在 16 世纪中叶，尤其是在图卢兹地区以及勃艮第和弗朗什孔泰地区。

交织花体字母——月牙形和双 D 构成普瓦蒂埃的迪亚娜之花体缩写，上面加上亨利二世的起首字母，因她曾是后者的情妇。

卷边牌匾——作为对枫丹白露派的一种传承，大量使用卷边牌匾以及旋涡饰或仿皮革的齿状切花图案。

让·古戎的信息女神（巴黎，卡尔纳瓦莱市政厅）　　　　　交织花体字母（阿内城堡）

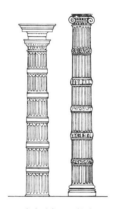

胸像柱和女像柱　　　　　法式爱奥尼亚柱式　　　　　齿状卷边牌匾（布尔纳泽勒城堡）

雅克·安德鲁埃·杜·塞尔梭的怪诞装饰

法国的文艺复兴　二期的建筑

安希 – 勒 – 弗朗克别墅——塞里奥将意大利"标准尺寸的"建筑学与当地的气候需要（高屋顶和老虎窗）以及传统（开间的垂直性）相结合。这里唯有二层窗户带旋涡饰的轻巧三角楣，让人想起了初期文艺复兴风格。除此之外，整齐划一的布局，连拱廊或窗户构成的门窗洞，没有任何变化，这些窗子由成对的壁柱构成的跨度隔开，置于高高柱基上的壁柱间有一个壁龛。这种主要与次要门窗洞（后者仅由壁龛代表，作装饰用，两侧镶有壁柱）的交替，成为大胆明快及精确严密的有节律的开间设计的最早范例之一。

卢浮宫的庭院——上述对明快效果的要求继续体现在自 1546 年由皮埃尔·莱斯科着手进行的卢浮宫内院墙面的设计上。这里正立面上的三层突前体的垂直线条，与正屋主体的水平线形成了抗衡。一切都汇集在按层次设计的布局（底层、贵族层、顶层）以及逐步微妙升级的装饰中，后者到最高层达到顶峰。连拱廊、由壁龛隔开的成对圆柱、带托座并交错有圆形和三角形窗楣的窗户以及眼洞窗，都引起光线的多样变化。此外，还加上古风的装饰如信息女神像、以叶饰装潢的卷边牌匾、裸童与花环构成的檐壁雕带，这些都归功于让·古戎的工作室，他那用奴隶、战士、战利品和神话中的仙人装饰的顶楼，像一篇宣言，得意地展示在世人面前。

埃古昂别墅的门柱廊——有关正确运用柱式作为建筑立视图布局框架的研究，促使让·比朗从罗马万神庙巨型柱式中汲取灵感，以设计他为埃古昂别墅南翼做的门柱廊。它的四根圆柱穿过两层楼一直抵达屋顶的底部。这一选择决定了檐部、其额枋的棕榈叶饰、齿饰檐口下雕带状战利品饰的比例。

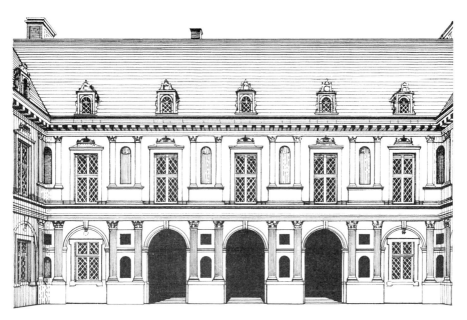

安希－勒－弗朗克别墅（1538—1546）

卢浮宫的庭院（1546）

埃古昂别墅，比朗的门柱廊

法国的文艺复兴　家具

卡克图瓦尔式座椅——16世纪初时这种座椅笨重且占地方，因为那时人们还在忠实地沿袭中世纪的式样，座椅可以归纳为长凳和主教座两类，后者有时置于一个台子上，高高的靠背上已经刻有意大利式图样。随后其结构逐渐变得轻巧，主教座演变成带枕臂的（卡克图瓦尔式）扶手椅，其靠手常为半圆形，或是无扶手座椅。

餐桌——最初餐桌由一块简单的平板置放在一个支架上构成，逐步发展为一种桌面固定在支座顶端的家具，支座常由一条小连拱或镂空图案构成的横梁连接。这就是"扇形"桌，如同在意大利那样，支座上刻有许多涡形或妖怪形象的装饰，桌子沿边有椭圆形缘饰。

珍品收藏柜——从亨利二世时期开始出现木板和大理石镶嵌，与此同时勃艮第和里昂地区则日益盛行雕刻装饰。来自意大利的珍品收藏柜分为上下两个部分，其建筑式布局包括圆柱、托座和三角楣，上面有浅浮雕装饰，在法兰西岛则为多彩大理石镶嵌。

墙裙——文艺复兴初期"小框架"式的墙裙，延续了中世纪的传统以及将镶板分成数行重叠置放的做法。随后，人们满足于有时将这些镶板与壁柱或门窗侧柱交替置放，如同卢浮宫里亨利二世的卧室那样，以便使墙裙的布局像装饰它的战利品、水果垂环、半人半马怪物和海马一般具有古色古香的味道。在门和墙裙上还可以看到灵感来自枫丹白露的灰墁图案，如怪面饰、带束腰式底座的人像、裸童，尤其是旋涡饰和如锯齿形切割的皮条饰（如鲁昂圣马克娄教堂洗礼门所见），那是古戎的杰作。

壁炉——在它那凸起的通风罩上有繁茂的雕刻装饰。自亨利二世时期起，有些壁炉的设计屈从于一种具有古典精神的建筑布局。

餐桌（卢浮宫）

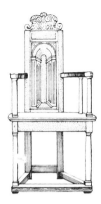

绰号"卡克图瓦尔"的
带枕臂靠背椅（卢浮宫）

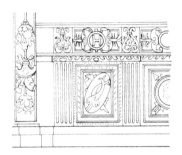

墙裙，亨利二世卧室（卢浮宫）

珍品收藏柜（法兰西岛）

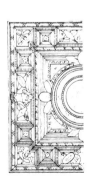

天花板

壁炉（格拉夫别墅）

佛兰德斯的文艺复兴

15 世纪来自意大利的这场运动一直延伸到法国、荷兰、德意志、英国和西班牙。

1506—1712 年西班牙对比利时的占领和到 1648 年为止对荷兰的占领，并未留下什么明显的痕迹。意大利文艺复兴首先波及装潢而没有影响到结构，这要归功于像弗雷德曼·德弗里斯（荷兰画家、装饰师——译者注）或弗洛里兄弟（比利时佛兰德斯艺术家族中最杰出的成员，对欧洲北部文艺复兴做出了重大贡献——译者注）这样的装饰师们。

莱顿市政厅——文艺复兴很晚才影响到荷兰。这座建筑尽管建于 1579 年，仍属于当地的传统式样，表现在其构图的主要成分为巨型立面山墙。这些山墙由小尖塔和倒卷涡形扶垛标明层次的划分，正是它们"补救"了宽度上的差异。

安特卫普市政厅——这是佛兰德斯传统（山墙、带老虎窗的高屋顶）和意大利影响（粗面凸雕饰、凉廊以及古风的装饰语汇）的混合物，这座建筑还成功地使楼层的划分与众多垂直分割相协调。可以将同样的赞美词奉送给同时代的根特（比利时最古老城市之一，原佛兰德斯首府——译者注）的房屋建筑师们，其中最著名的要数"船夫之家"和"谷物测量员之家"。安特卫普市政厅（1561—1565）的大山墙是科内利·德弗利恩特（即科内利第二，比利时建筑师、雕塑家——译者注）、人称弗洛里的作品，它本身就是一个漂亮的构图，大山墙置放在建筑物微微凸出的正面之上，而其下粗面凸雕饰的墙基，构成了一个有五层重叠布局的坚实底座。除上述两座建筑之外，还应提到列日的美丽大主教宫（现为司法宫）、布吕赫的旧时"（法院）书记室"（1536）——这是比利时文艺复兴最可爱的作品之一，以及海牙的市政厅（1565）。

普朗坦宅第——所有访问过比利时的人都知道安特卫普的这座可爱的宅第，它至今保存完好。内部装潢方面，在高高的墙裙上，可以看到文艺复兴初期的一些因素，如波状叶旋涡饰，但是壁炉罩和门上的女像柱清晰地显示出文艺复兴第二阶段的特点。

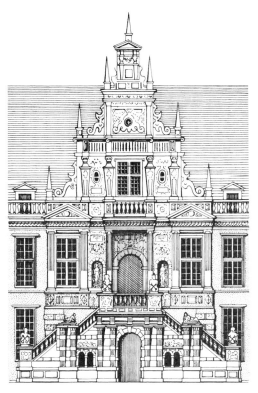

莱顿，市政厅

安特卫普，市政厅

安特卫普，普朗坦宅第

德意志的文艺复兴

在日耳曼诸国，文艺复兴的渗入遭到宗教改革运动精神的碰撞，在德意志北部尤为突出。由于商业资产阶级的兴起，德意志南部如纽伦堡、奥格斯堡或巴塞尔这些文化中心在接纳带意大利倾向的艺术形态方面就迅速得多。直到16世纪后半叶才出现北部文艺复兴风格。而且，在德意志，如同在瑞士一样，只限于接受文艺复兴成果和哥特式传统的折中物。于是由文艺复兴初期的装饰要素（伦巴第或威尼斯风格）组成的镶贴面，重叠置放在当时贵族宅邸的传统凸肚窗和山墙上。像迪特尔林（法国著名银匠家族成员——译者注）这样一位装潢师，抛出了一种纹样彼此交织缠绕的风格，其中既有带古代韵味的元素，也具异想天开的成分。到了16世纪末，由于佛兰德斯艺术的影响，北部地区向新的形式敞开了大门，如同海德堡城堡的奥顿－亨利侧翼所显示的那样。

慕尼黑的圣米歇尔教堂——作为天主教城市，慕尼黑于16世纪中叶随着耶稣会教士接纳了反宗教改革精神。但在这里，维尼奥拉设计的耶稣会教堂正立面的影响与德意志山墙的传统体系相互结合。

贝勒尔府第——弗洛特奈尔相当早就把伦巴第风格的过分繁琐的装饰引入纽伦堡，但被粗面凸雕饰的坚实造型取代。因壁柱而显得更为突出的采光窗口的规整布局，却与纵高三层的山墙相结合。高处的三角楣和倒卷涡形扶垛带有的古典主义精神，同样与保留小尖塔的做法大相径庭。

座椅——在德意志北部家具中占主导地位的是来自荷兰的灵感。这种潮流并不排除引进意大利凳子，并按当地人喜好加以改造。

珍品收藏柜——受意大利模式的启示，这种家具十分流行，其装潢如同建筑般气势宏大，有细木镶嵌以及镶有玳瑁、象牙和贝壳的乌木贴面。纽伦堡和奥格斯堡是重要的制作及出口中心。

慕尼黑，圣米歇尔教堂（1583—1597）

座椅（巴塞尔博物馆）

双体珍品收藏柜
（巴黎，装饰艺术博物馆）

英国的文艺复兴　建筑

亨利八世统治时期仍可见"扇形"天花板，这是枝肋和居间肋穹顶（亨利七世礼拜堂，威斯敏斯特）达到的最高成就。文艺复兴起初只表现为在传统的哥特式结构之上，镶以意大利式装饰元素的贴面。这些元素部分经由佛兰德斯进口，尤其是对条带饰的偏爱，这是一种有涡卷和许多齿状边缘的狭长皮带状装饰。亨利八世时期建造了汉普顿宫、牛津基督教会学院、剑桥三一学院，这些建筑还都是哥特式的。建筑上的文艺复兴实际上始于伊丽莎白时代（1558—1603）。

朗格雷特大厦——在这座建筑物中，来自意大利、法国或佛兰德斯的成分都从属于垂直风格的传统。如同在哈德威克会堂那样，正立面采用严格的对称布局，由规则的方窗和微微隆起的凸肚窗加以规范。在这一统化的网状格局中，壁柱和圆雕饰带给人们一丝古典倾向的味道，但并不妨碍平整的外观效果。水平效应由层间腰线着重显示，顶端则依仗栏杆加以体现，此外，三个楼层的凸肚窗使用的三种柱式也加强了这一特点。

王后宅邸——由建筑师伊尼戈·琼斯（英国画家和建筑设计师，建筑古典学派的奠基人——译者注）倡导的一种独特的古典主义的出现，成为詹姆斯时期（1603—1625）的标志。琼斯从意大利文艺复兴中汲取了帕拉迪奥别墅那简洁与和谐的造型。伊丽莎白式对称原则在这里的运用，体现为将建筑物作为一个整体考量。凸肚窗和高低不平屋顶的消失而形成的各部分的明快感，也表现在平台式屋顶及微微凸前的凉廊上，后者与底层之间的砌缝，是无任何装饰的建筑正立面上唯一的突出之点。圆柱的意大利式考究以及窗户的精确比例，都宣示了 17 世纪古典建筑时期的来临。

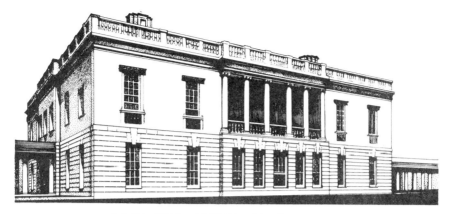

格林威治，伊尼戈·琼斯设计的王后宅邸（1616—1636）

哈德威克会堂

朗格雷特大厦（约 1572）

英国的文艺复兴　家具和室内装饰

昆贝大厅的木制装饰——在 1550 年之前，装饰风格一直保持着稳定不变。而从 16 世纪后半叶开始，大量革新开始出现。室内装饰主要被用在大厅或接待室。在都铎王朝（1509—1603）最后一位女皇伊丽莎白统治时期，木艺墙面常常被壁柱分成格状，饰有雕成的形如细带交错的薄网，这些轻微隆起的浮雕细带散开在花岗岩地板上。天花板上装饰着石膏线形成的网格图案，线条交叉则构成了一个个小方格。

伊丽莎白的睡床——这张床的部分装饰来自大型带立柱的睡床，立柱与其上的木制装饰都更加修长。水平安放的顶角突饰以及在前角大胆使用的球形床柱，构成了床体最为显眼的线条。伊丽莎白时期家具的灵感通常来自弗兰德斯的文艺复兴，一般来说整体线条更为柔和，图案设计简单明了。这张床用橡木制成，床头的背板装饰同时运用了雕刻和镶嵌两种工艺。立柱的支座采用了反差极大的柱栏形状，以追求一种浅浮雕的装饰效果。

舞厅——这座雅各宾时代（1603—1660）的舞厅位于英国肯特郡的诺尔庄园，是伊丽莎白时代木艺装饰传统久存于世的体现。饰有带状交错花纹的细柱将墙壁被分隔开来，其间以几何形状的木板作为装饰。而壁炉则是舞厅里最重要的部分，它显得轻巧而简洁，所有的建筑元素都处理得非常细致。

雅各宾式门腿桌——门腿桌是都铎时期家具的一个重要创新。可以转动的桌腿可以大幅减少门腿桌占用的空间。这些桌腿造得像栅栏一样，门腿桌的名字也来源于此。门腿桌有很多的变体，桌面有圆形的、椭圆形的或长方形的，可转动的桌腿也有锯齿形的或像板子状的。

雅各宾式扶手椅——雅各宾式的睡床与伊丽莎白时代的差别很小。它们结构统一，都是由方形靠背、支撑框架、简洁横梁和曲形扶手组成，椅背和椅面覆盖了布料，增加了座椅的舒适度。到 1620 年前后，布面座椅成为了固定风格，而花纹则取材自东方布匹的图案。在这个"土耳其的作品"上我们可以看到，座椅面料的图案是装点在浅色背景上的花苗和枝条。

昆贝大厅的木制装饰（约 1570）

伊丽莎白的睡床

舞厅（约 1604）

雅各宾式扶手椅

雅各宾式门腿桌

巴洛克艺术　装饰要素

17世纪30年代左右在罗马诞生的巴洛克风格，相当于反宗教改革运动的第二阶段，也就是继16世纪末在学院派色彩的严峻反击之后的凯旋主义时期。与世俗艺术相反，它首先回应的是与得胜的教会目标一致的更加大众化的表达形式。为了使最大多数的人接受宗教准则，人们致力于增强惊喜的效果和心灵感召力，引起赞叹。因而在1630—1670年出现了一种浮夸华丽的装饰辞藻，它对比强烈，充满动感，画面立体感强而逼真，饰物繁缛，这些特点使巴洛克更像一种潮流而不像一种风格。由此产生一种夸张的、富于炫耀色彩和舞台魅力的艺术，它的幼苗在意大利北部、西班牙、葡萄牙和欧洲中部扩展，并在奥地利大放光彩，之后在德意志南部一直流行到18世纪中叶。从1730年起，洛可可风格在中欧超越了巴洛克潮流。

螺旋形柱——与直线形柱相比，其长处是更能突出动感并获得光的效果，正是这些优点使其在室内装饰中获得成功。

"天国的荣耀"专题——对戏剧效果的追求需要各种艺术的合作，在教堂里便需要尘世的和超自然的联合以颂扬宗教的胜利。照亮这一荣耀场面的是来自天穹的光线。绘制在画布上的殉道圣徒，以超乎异常的尺寸现形在建筑的空间中，那里到处是灰墁塑成的小天使们俯身在大理石画框周围，用眼神和姿态激励着信徒们。一种同样向上的激情把整个构图统一起来。

"透视画"——在视觉上制造出乱真的立体空间效果的绘画，与真实的或画出来的灰墁交相作用，可以在天花板上模仿出建筑物，或假造出布满飞翔人物的天空，并由仿画的托座及栏杆环衬，这是得益于对空间透视的科学认识。在拱顶曲面中，以这一乱真手法绘成的男像柱"支撑着"天花板的挑檐。

卷边牌匾和折断三角楣——这是喜爱凸窗、凹壁以及强调造型的普遍时尚，表现出一种极大的创作自由。

卷边牌匾（佛罗伦萨）

《天国的荣耀》（圣安德列－杜－基里纳尔教堂）

螺旋形柱和折断三角楣
（罗马，圣伊格纳斯教堂）

透视画（罗马，卡拉齐堂兄弟们合作的法尔内塞宫画廊）
（1597—1604）

巴洛克艺术　建筑

圣彼得大教堂正立面——马代尔诺（17世纪罗马建筑师，早期巴洛克建筑风格的奠基人——译者注）自世纪初便向世人宣告，巴洛克的特点之一是追求反差效果，在这里它是通过打破比例取得的：一方面是过分拉长的正立面与圆穹顶的比例，另一方面是巨型柱式和被宏伟门柱廊挤压的顶楼之间的比例。建筑正立面的独立性因此得以确立，此后，金属包贴的门面就同教堂的内部结构不再有逻辑联系。

圣彼得大教堂的柱廊——设置这一宏大装饰建筑的目的在于平衡教堂的过大宽度，贝尔尼尼（17世纪意大利雕刻家、建筑设计家、戏剧家和画家，创立巴洛克雕刻艺术风格并加以充分发展——译者注）设计的柱廊同时表现了对空间和透视的巴洛克式处理。三跨椭圆形长廊构成教堂极具戏剧性效果的入口，是引起惊叹并产生动感的源泉。

四喷泉圣卡洛教堂——平面完全消失，这就是动感专家普罗密尼（17世纪意大利建筑师——译者注）采纳的总体构图。动态并不靠叠放在表面上的装饰，而是依仗各个层面以及凸、凹部分的交错排列取得。它们的接续交替形成一种波浪般起伏的表面，这一点因凸起的椭圆形小塔，以及在凹进去的开间里嵌入的阳台而更为明显。

巴尔贝里尼宫——这座宫殿从16世纪末的别墅中借鉴了侧翼后置的设计。不过，它通过镂空的连拱廊而使底层极为敞亮。尽管建筑物正立面很协调，但和房屋内部布局并不一致。

十四圣徒朝觐教堂——巴洛克风格钟情于椭圆形设计，规划的中央部分与活跃空间的纵向成分可以进行任意组合。人们在这里看到的，是建立在两个垂直空间相交错基础上的传统十字形设计的解体。为了获得一种充满意外感的向宇宙空间延展的效果，诺伊曼（德国后期巴洛克风格的著名建筑师——译者注）采用一连串的椭圆形替代传统的方位，让它们的分布仿佛以位于这座朝觐教堂大殿中央的纪念祭坛为中心形成同心圆。

罗马，圣彼得大教堂柱廊

罗马，普罗密尼设计的四喷泉圣卡洛教堂

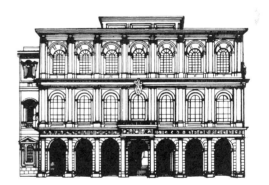

罗马，巴尔贝里尼宫

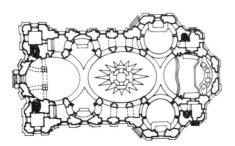

十四圣徒朝觐教堂平面图

巴洛克艺术　内部装饰

圣彼得大教堂华盖——树立在穹顶中央的华盖，代表了以礼拜仪式的辉煌为中心的宗教理想的胜利。它以其相互矛盾的需求成为巴洛克风格的宣言：一方面是其在比例上反映出来的巨人症，另一方面是与祭仪的可视性相联系的透明度及轻巧性的考虑，后者乃是选择圆柱和螺旋形线条的缘由。此外，添加了青铜、大理石和金子装饰的耀眼光芒，以及天使形象的翅膀和衣褶赋予的活力。

　　圣彼得大教堂祭坛——在同一教堂里的圣彼得祭坛是贝尔尼尼的杰作，它汇集了罗马巴洛克最大胆的舞台艺术启示。首先是反宗教改革运动所鼓吹的"感性宗教"的目标，也就是人间与精神世界的汇合，在这里表现为两条分明的装饰带：下面是拉丁教会和希腊教派的神父们，上面是光环萦绕的圣灵的鸽子展现的天空。在圣骨盒上端这两条饰带的连接处有一些小天使，这些为人类祈福者的形象，在朵朵云彩中捧现出罗马教皇的钥匙（权力）和三重冕。每一条饰带材料的选择都符合一定的象征意义：下半部用的是青铜和沉甸甸的大理石，上半部则是轻盈的灰墁和金子。不过，如同一向在贝尔尼尼的作品中那样，构图与动感及失重状态几乎是同义语。与其说教会的神父们承受着沉重的圣骨盒基座的分量，不如说他们是在陪伴着它，后者笼罩在戏剧性和幻觉般的荣耀的光辉之中，四周是神奇的急速旋转的小天使。

　　圣尼古拉－德－马拉－斯特拉纳教堂——作为中欧巴洛克第二阶段的典型建筑，比起对建筑表面以及厚重的色泽和材料来，布拉格的这座教堂更注重光线和透明效果。大殿采光来自偏祭室以及廊台。墙面的作用只相当于舞台屏幕，因此其砌筑工艺完全被化解，消失在弯曲的栏杆和斜向而立的壁柱所制造的迷离变幻的光影中。在高处的真实的建筑与画出的假建筑之间，蓄意营造的是一种模糊含混的视觉效果。

贝尔尼尼设计的圣彼得大教堂华盖   贝尔尼尼设计的圣彼得大教堂祭坛

丁岑霍费设计的圣尼古拉 – 德 – 马拉 – 斯特拉纳教堂

路易十三风格　装饰要素

尽管式样的演变相当快，人们一般还是把"路易十三风格"（1594—1640）的概念延伸到亨利四世时代。装饰起源的影响来自各个方面：意大利的巴洛克风格、佛兰德斯地区的巴洛克风格以及枫丹白露派，后者在亨利四世时代进行了大量革新。由此产生装饰艺术中的不协调和反差强烈的现象，其特点为线脚装饰的刚劲有力以及形式的繁茂多样。

卷边牌匾——如同在枫丹白露宫一样，线脚由曲线、剪切线、半圆形缺口和钻孔皮革纹融合而成。在巴洛克影响下，其线脚装饰变得厚实而肥大，并且增加了隆起和突出部分。由上述风格演绎出一种叫"耳形"的卷边牌匾，原因是它的柔软和软骨般的外形令人想起耳垂的形状。

三角楣——除了形式的繁琐以及对古代规则的蓄意不尊之外，路易十三风格师承巴洛克和晚期矫饰主义（来自枫丹白露）。为此可以看到带涡卷的三角楣、折断的三角楣，后者被卷边牌匾、壁龛、圣体龛或凸出的栅栏阻断。

凸雕饰——与古典规则一刀两断的同一潮流，导致起支撑作用的元素蜕变为纯粹的装饰角色。这正是乡村风情广为流传的根源所在。它们有时会覆盖建筑物的整个正立面，但最常见的是用在正门之中，提供了经久不衰的式样，如劈砌、高高隆起的拱券楔石，尤其是凸雕饰。因此有光面凸雕饰、凸凹凸雕饰、虫迹凸雕饰、菱形凸雕饰、鼓形凸雕饰、钟乳形凸雕饰。菱形凸雕也用于家具制作。

链状饰——砖与石的联合使用，交替作为门窗框和窗间墙，产生一种配对的效果，突出了建筑正立面的垂直分割。这种被称为"链状饰"的带子规则地或按"竖琴"状（锯齿般）排列。有的实行"自下而上"覆盖，将底层到屋顶的窗户全部连接起来。

几种凸雕饰

卷边牌匾（阿朗松）

鼓形凸雕饰　　　　钟乳形凸雕饰

折断三角楣（伊夫堡）

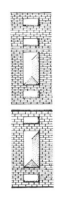
虫迹凸雕饰　　　　菱形凸雕饰

圣体龛三角楣（巴黎，阿勒麦拉宅第）

凸石链状饰

路易十三风格　建筑

巴勒鲁瓦城堡——除了外来的影响，亨利四世和路易十三时期的共同之点，是民族传统表现为砖与石的应用以及构图的垂直性，后者因建筑物的高耸和屋顶的分割而显得更为突出，这要归因于使用垂直屋顶架和外加屋顶架的屋架结构。这种狭窄的屋架只能覆盖有限的面积，故而使设计规划缩小为一些并列且不高的带独立屋顶的房屋和楼宇，从而形成当时住宅的锯齿状轮廓。

苏利府邸——线状组合有时也不能排除在一些装饰类型的建筑中引进多余的装潢。在苏利府邸的老虎窗及窗户上，繁茂的涡形装饰和褶皱垂帘饰以及由三角楣和壁龛引进的光线变化，都来自晚期矫饰主义和佛兰德斯地区的巴洛克风格。

谢韦尔尼城堡——路易十三在位中期出现了一种略带古典味道的反复，那就是以垂直与水平之间更有分寸、更协调的链接替代上面提到的别致想法。这一潮流既要求建筑主体的统一，也主张线条与装饰的简化，但并不意味着与喜爱对比的造型口味决裂。

索邦小教堂——垂直性的传统与反宗教改革的罗马模式的结合，在圣日尔维教堂以简朴的形式出现，而在圣保罗－圣路易教堂则显得张扬。新潮流的追随者勒默西埃（17世纪法国建筑家、画家、雕塑家——译者注）在索邦耶稣会教堂的正立面设计中反其道而行之，这里没有表面的效果，只有由倒卷涡形扶垛以及一个传统檐口审慎连接的两个楼层。壁柱、窗洞和饰有雕像的壁龛，都在一种严谨而有规律的节奏中得到妥当安排。

奥尔良的加斯东侧翼——另一位主张回到古典韵味建筑的倡导者弗朗索瓦·芒萨尔（17世纪中叶法国巴洛克建筑风格时期建立古典主义风格的主要建筑师——译者注）关注建筑物正立面的和谐链接，其基础为虚与实的平衡，以及包括屋顶架在内的各部分与外表造型的统一。这种平衡并不排除装饰的激情和动感，这里表现为半圆形柱廊的设置。

巴勒鲁瓦城堡

谢韦尔尼城堡

巴黎，索邦小教堂

巴黎，苏利府邸

布卢瓦城堡，奥尔良的加斯东侧翼

路易十三风格　内部装饰

在最豪华的宅邸里，路易十三风格的装饰保存了源自文艺复兴时期的天花板，上面有过梁和明显的格栅并饰有数字、标记、涡形装饰等。

"法式"壁炉——这是个凸起的硕大平行六面体，它的长方形的通风橱上面有宽大的建筑式装饰，不过中间一般留有置放一张油画、一面浮雕或一座半身像的位子。到路易十三在位时期末年，壁炉的个头儿小了一些，并与房间内装饰的规模更匹配，与此同时，通风橱的装饰也不那么繁琐，它那一向宏大的结构划分也变得更有节制。

槅板门——双开门的设置为的是取得连通的效果。"槅板"的名称来自它宽阔的框饰，在它的上方是一个装饰性构图：三角楣、卷边牌匾或圆雕饰，上面饰有浮雕或一张绘画。

"法式"护壁板——这种源于文艺复兴时期的墙裙由一些长方形镶板汇集组成，上面的卷边牌匾或几何形的框饰中有人物、风景或花卉，有时是单彩画，有时是自然写生风格。在使用矮栏护壁板时，墙的上半部留着悬挂挂毯或是一组绘画。高护壁板与前者的唯一区别是取消了底层的檐带，于是三层不间断的镶板一直重叠到顶，一般情况下，最高一层最大且垂直。

天花板——再往上，天花板的梁和格栅很快被分成装饰单元，画家-装饰师在上面饰以油画或嵌以镶板，雕塑家为后者做上华丽的框饰。到路易十三在位时期末年，这些藻井平顶的组合可以从简单规则的方格演变为更复杂的造型，如在中央设置一个更大的装饰单元，如同瓦隆城堡里国王卧室的天花板。保存最为完好的护壁板群要数巴黎的军械库（巴黎图书馆——译者注）里的拉·梅雷元帅夫人的书房和卧室。

勒米埃设计的壁炉和槅板门（蓬－苏－塞纳）

护壁板（巴黎，军械库图书馆）

护壁板（巴黎，军械库图书馆）

天花板（瓦隆城堡）

路易十三风格　家具

珍品收藏柜——建筑语言在珍品收藏柜的装饰中占据主导地位，其中有圆柱、三角楣、壁柱、栏杆和壁龛。来自荷兰和意大利的珍品收藏柜时尚引进了乌木镶嵌技术。在这种木材上雕刻出的装饰极为精致。

衣柜——这是另一种如建筑般构思的家具，其特点是顶端及下部凸起的巨大檐口装饰。方形或长方形的镶板上常常有菱形凸雕饰，这种富于光线及造型变化的装饰体现了路易十三风格家具偏爱几何图案的特点。

桌子——时代风气逐渐从"活动的细木工制品"（带支架的桌子、"折叠座凳"、"钳子式"椅子）过渡到固定家具类型。其中有方形或长方形的桌子，但个头儿不大，有一条 H 形横向连杆，中间有瓶饰、陀螺饰或松果饰。其余部分的特点类似座椅，因它的支撑是螺旋状木柱。路易十三风格的扭曲形状富于立体感，它的整体柱身由立方形和圆柱体组成，上面有环饰（先为方截面，后为圆切面），像念珠一般，呈螺线状。

座椅——路易十三时代（座椅）的支柱、腿、扶手和靠背支撑以及呈 H 形的横向连杆都受到扭曲形状的影响。安乐椅和靠背椅有时在前脚处再安上一根加固的横掌，高背的安乐椅和皮制或布料套子的"扶手椅子"。到路易十三在位时期末年，安乐椅的扶手内弯，末端呈弯曲状。

珍品收藏柜（枫丹白露宫）

扶手椅（巴黎，克吕尼博物馆）

桌子（巴黎，克吕尼博物馆）

路易十四风格　装饰要素

路易十四统治时代分为三个时期。首先是奥地利的安娜任摄政的国王未成年阶段（1643—1660），这是风格的成熟时期，其特点是路易十三风格的延续和意大利巴洛克的强劲渗透，不过弗朗索瓦·芒萨尔在诸如麦松城堡中表现出来的古典主义倾向的艺术也同样引人注目。路易十四的初期风格相当于其个人统治的鼎盛时期（1660—1690），反映的是一种辉煌而充满炫耀的宫廷艺术，也就是勒布朗（法国17世纪后半期画家、设计师、美术界权威——译者注）在相继由勒沃（法国17世纪建筑家和装饰师——译者注）和阿杜安－芒萨尔（路易十四的建筑师和城市规划师，完成凡尔赛宫的设计——译者注）建造的凡尔赛宫的各个大厅里所尽情发挥的那一种。路易十四二期风格（1690—1715）又叫过渡风格，出现在本朝最后阶段，主要影响来自建筑师阿杜安－芒萨尔和以贝雷因（法国著名工艺家，装饰领域审美大师——译者注）为首的装饰师。重新变得轻盈的造型、随心所欲的线条，都预示着路易十五风格的开始。

武器战利品饰——它们表现了路易十四初期风格形式的丰富以及其保留式样的辉煌。鲜明地凸起在大理石面上的，是用镀金青铜制作或在木头上雕刻的战士头盔、象征胜利的栎树枝、箭袋和狼牙棒。

辐射状怪面饰——这个阶段后期，在雕刻的怪面饰以及如王者阿波罗头像一般容光焕发的天神头像（上有辐射状棕叶饰）之外，增添了许多代表君主的象征：朱庇特的鹰、狮子、公鸡、阿波罗的面具，还没算上戴皇冠的数字以及交叉的国王权杖。

贝壳花饰——作为柔韧和奇思妙想的同义语，贝壳花饰随着木制壁镶板的发展和大理石装饰物的消失而成为路易十四二期风格的特点。亦从这时起贝壳花饰变得弯弯曲曲并且开始使用透雕镂空工艺。

怪诞装饰——在贝雷因和奥德朗（18世纪法国画家、装饰师——译者注）的影响下，厚重的线脚装饰趋于消失，代之以线条的解放以及图案的更加灵活和轻盈。与贝壳花饰一道，阿拉伯式花饰也助长了对随心所欲的线条以及异国情调的爱好。

头盔和栎树枝

箭袋和狼牙棒（凡尔赛宫，城堡花园）

贝雷因的阿拉伯式花饰

光芒四射的怪面饰
和饰有皇冠的数字
（凡尔赛，维纳斯厅的门饰）

贝壳花饰
（巴黎圣母院，神职人员祷告席）

路易十四风格　民用建筑

维克姆特宫——建于国王未成年及个人执政之初的过渡时期的这座庄园，属于弗朗索瓦·芒萨尔那一代带古典主义倾向的刚劲艺术一类。宏大主体的韵律通过使用巨柱型体现。同时，朝向院子的壁凹处和面对花园突出的宽敞半圆形客厅，为的是让建筑物表面充满动感并反映了对各部分进行自由处置的强烈爱好，顶穹选择的是由意大利巴洛克引进的圆穹顶。

卢浮宫的柱廊——一股带学院派味道的势力，反对芒萨尔和勒沃那代人的巴洛克效应以及别致的对比手法，他们选择回归理性及对古代规则的尊重。对清晰与克制的追求在这里表现为运用宏伟的水平线条，以及拥有巨大的基座和带有朴实装饰。

凡尔赛宫——作为继勒沃之后的第二位建筑师，阿杜安－芒萨尔摒弃了前任的突出体和壁凹，代之以节律统一、雄伟宽阔的布局。在类似的精神指导下，他赋予旺多姆广场以巨型柱构成的连拱廊的布局。这种做法在18世纪十分流行。宽阔的视野以及对整个建筑体量及空间的完美掌握，丰富了凡尔赛宫中包括橘园和马厩的庞大建筑群。

大特里阿农宫——阿杜安－芒萨尔同时是这仅有一层的别墅的奠基人，其特点是外立面形象的简朴以及内部安排上的舒适方便，这一切都使18世纪的人们为之倾心。在大特里阿农宫的设计中，他更注重利用列柱廊将这类住所与其自然环境相结合。而水平位向的运用、线条的柔韧以及由柱头、拱顶石，尤其是贝壳花饰（特里阿农－苏－布阿的侧翼）构成的可爱装饰，也使得特里阿农宫成为路易十四二期建筑风格的杰作，实则为路易十五风格的前奏。

勒·勒沃设计的维克姆特宫（1658）

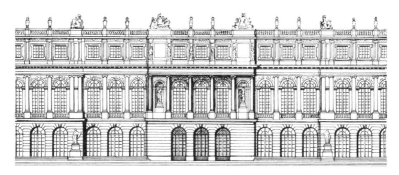

于勒·阿杜安 – 芒萨尔设计的凡尔赛宫（1681）

巴黎，佩罗设计的卢浮宫的柱廊（1668）

凡尔赛，大特里阿农宫（1687）

路易十四风格　宗教建筑

瓦尔德格拉斯教堂——阿杜安－芒萨尔、勒默西埃、勒·穆耶（法国 17 世纪建筑师和画家——译者注）和勒杜克（法国建筑师——译者注）曾相继效力于建造瓦尔德格拉斯医院的小教堂，它属于国王未成年时期风格，外形自由而刚劲有力，将动感和继承自意大利巴洛克的秀丽别致的品位，与对各个部分的掌控，以及对整体统一性的关注结合起来。除由三部分组成的"意大利式"立面外，由分离的圆柱组成的列柱廊也发挥了造型上的巨大作用。勒杜克的圆穹顶，加上它的肋条、圆形画、因涡形饰而变得厚重的扶垛上的众多雕像，这一切使其成为当时最富于意大利情调的见证之一。

荣军院——荣军院教堂的大殿是布卢盎（17 世纪法国建筑师——译者注）的作品，圆穹顶则是阿杜安－芒萨尔设计的。前者交错的拱顶和爱奥尼亚式壁柱，是路易十四时代宗教建筑相当典型的特色。但是"皇家风格"在圆穹顶胜出，它与希腊十字设计相结合。阿杜安就是这样以十分严谨的精神将重叠的柱式与圆穹顶的双重座圈相结合，后者下层为立方体，然后接以上层的圆柱体，从而形成一幅强有力的向上的构图。辉煌与威严同样表现在檐部、壁龛的华丽雕刻装饰，以及与穹顶肋条相间的青铜镶金饰物的争奇斗艳中。

凡尔赛宫的小教堂——路易十四在位时期末年由阿杜安－芒萨尔始建并由其继任人罗伯特·德·科特（法国建筑师，阿杜安－芒萨尔的学生和助手，在阿杜安－芒萨尔去世后继任皇家建筑师——译者注）完成的小教堂的特点，是它的明快色调和沿支柱及拱隅展开的那毫不张扬的浅浮雕装饰。在二层用圆柱替代墩柱和连拱廊作为拱推力的支撑的做法，增加了轻盈的效果。

巴黎，瓦尔德格拉斯教堂（1645—1667）

巴黎，荣军院（1680—1706）

凡尔赛，宫中小教堂（1697—1710）

路易十四风格   初期风格的内部装饰

维纳斯厅——路易十四初期风格的主要特点为装饰材料的丰富多样以及对宏大效应的追求。一直到 1680 年，这种"皇家风格"坚持使用大理石作为饰物，并与金、青铜、油漆和玻璃的反光形成色彩斑斓的效果。这些材料融合在圆柱、壁柱和壁龛等组成的建筑布局中，闪烁着凝重的光泽，层层线脚装饰的沉厚感则与之相映衬。最后，装饰师兼漆工们在厚重的挑檐上方用灰墁装点的框饰中，画上人物和虚构的建筑物，领导他们施工的则是皇家寓所工长查理·勒布朗。

门——又叫"格板门"，原因是它那带托座、檐口以及上面有浮雕、圆雕饰和三角楣的凸起的框饰，双扇门扉上的雕刻装饰也赋予它一种宏伟的效果。在这些装饰单元里雕刻着王室的象征、战利品饰、厚重的边饰环绕的数字。这些宽大的门对称地成双设置在厅堂里，增加了畅通的效果。

壁炉——路易十三时期巨大凸起的通风罩不见了，取而代之的首先是一种金字塔形的构造，后来是一个长方形箱，如同一个大理石的台座，支撑着一到两块槅板，上面饰有花瓶。壁炉上方的墙上放置一些小镜子或一张画，画框通常极为宽厚，上面是像图中那样的花或叶子组成的花叶边饰。

凡尔赛，维纳斯厅

壁炉（凡尔赛，戴安娜厅）

路易十四风格　二期风格的内部装饰

在阿杜安－芒萨尔和诸如让·勒波特(17世纪法国画家、雕塑家和装饰家——译者注)的儿子皮埃尔·勒波特、贝雷因以及奥德朗等装饰师的影响下，装饰的比例缩小了，浮雕变浅了。大理石消失了，代之以浅色绘制、金色线脚的木壁板或被称为"金黄色(如旱金莲花之色——译者注)护壁"的打蜡或上漆的天然木壁板。

壁炉和壁板——壁炉下部的面积继续缩小，以利于在壁炉上方的墙上安装越来越流行的长方形大镜子，因为当时一种新的浇铸工艺使得大镜子的生产成为可能。镜框的上半部尽力重现房间护壁的布局，而后者呈现为一组连拱。那弯曲或半圆的拱顶上饰有花瓶、花卉或裸童图案。

天花板——从绘制图景及厚重的灰墁框饰中解脱出来之后，变成白色的天花板显得开阔了。位于天花板中央的是一个比线脚装饰更柔和的圆花饰，随即这里成为贝雷因和奥德朗装饰风格的曲线旋涡饰和叶子涡形装饰的天地。在拱顶曲面里，金色的精美浮雕常排列成"马赛克"，即由饰有小花和玫瑰的菱形格子组成的锦底。在镜框上也可以看到马赛克式的装潢。

怪诞装饰——除去裸童和微笑的面具，主题的更新表现在因贝雷因和奥德朗而流行的怪诞装饰。贝雷因将滑稽动作及异国情调与轻巧的建筑组合混将起来，在这里占主导地位的仅仅是奇幻趣味和线条的灵动。奥德朗则从阿拉伯式花饰中提取了大量蜿蜒旋涡式的装饰元素和一种"花边"的艺术，这已预示着摄政风格的到来。

壁炉（凡尔赛，路易十四卧室）

怪诞装饰（巴黎，马伊讷斯勒宅第的天花板）

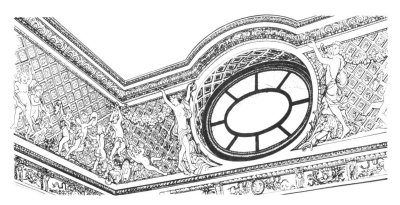

马赛克式锦底饰（凡尔赛，牛眼窗厅）

路易十四风格　家具

　　与路易十四初期风格相对应的是有厚重装饰的实木家具。宫廷艺术发展的是雕刻和涂金的家具及座椅。

　　扶手椅——椅腿可以是"倒方锥"（又称"束腰台座"，指雕像的一种上大下小的方形底座——译者注）或"栏杆柱"式，上面出现日益复杂的椭圆形缘饰、凹槽饰、叶饰。从路易十三风格继承的 H 形连杆，逐渐演变为 X 形。一般向内弯曲的扶手终端呈圆形或涡形。礼仪的需要促使大量"折叠椅"和"凳子"问世，上面有时有华丽的雕刻。

　　桌子——有同样的束腰台座或栏杆柱式腿和支柱，其 X 形横向连杆的终端呈涡形或像反转的托座。桌子周边有华丽的雕刻装饰。

　　布尔的细木镶嵌家具——自 1675—1680 年，安德烈－查理·布尔（法国著名家具工匠，他的细木镶嵌技艺高超，被人们称为布尔工艺——译者注）一直致力于用锡、兽角或贝壳来丰富和完善原来只用铜和玳瑁镶嵌的细木工艺。他那些一般用乌木镶嵌的作品有两种组合：一种是铜饰加在玳瑁底子之上的细木镶嵌，相反的是玳瑁饰置于铜底子之上的细木镶嵌。他的细木镶嵌图案起始时以环状的茂密叶旋涡饰为特点，到了路易十四王朝的第二阶段逐步让位于贝雷因风格的奇思妙想和异国情调。布尔还给他的家具加上华丽的镂雕和涂金的青铜装饰，装饰性或人像浮雕丰富了铰链合页、把手、锁眼的装潢，或装点拐角及护板。

　　扶手椅——路易十四二期风格的家具特点是装饰的减少和线条日趋柔和。托座式腿比倒方锥式腿数量增多，之后变成带蹄或不带蹄的弯脚。椅腿是外撇的。

　　双体家具——衣柜面板的线条也变得更柔和，下部或两端呈弧形，并像图中那样由于凸起部分或转角处呈新月形而变得复杂。

布尔设计的斗橱（凡尔赛）

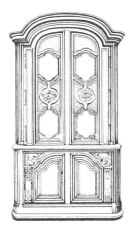

双体家具
（巴黎，装饰艺术博物馆）

桌子（装饰艺术博物馆）

桌子（凡尔赛）

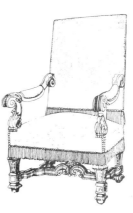

扶手椅（枫丹白露）

扶手椅
（巴黎，装饰艺术博物馆）

英国王朝复辟时期、威廉与玛丽时期、安妮女王时期风格

从 1660 年查理二世登基之日起，一种被称为英式巴洛克的风格得以发展起来，该风格一直持续到 18 世纪初。尽管王朝复辟时期（1660—1688）以及威廉与玛丽时期（1688—1702）的装饰非常奢华，但安妮女王时期（1702—1714）的形式却得到了简化，这预示了乔治时期的到来。

圣保罗大教堂——这座建筑由克里斯托弗·雷恩在伦敦建造，它是古代模型和法、意两国文艺复兴风格的宏伟综合。它的设计意图是与罗马的圣彼得大教堂争雄，但它借鉴了布拉曼特作品（圣彼得大教堂）的穹顶和双重柱廊。

可折叠桌——相比于前一时代，它具有更大的尺寸，并且拥有可折叠的桌腿。与花卉镶嵌工艺和藤格编织工艺一样，弧形立柱车削工艺体现了佛兰德斯装饰艺术在王朝复辟初期的影响。

威廉与玛丽时期的橱柜——这件家具体现了威廉与玛丽时期在审美取向上所发生的转变。外侧面板由胡桃木制成，取代了 18 世纪上半叶常用的橡木。抽屉面板上是胡桃木镶嵌工艺，而可旋转的支脚则通过带有横档的架子连接在底座上。家具的构思受到法国巴洛克风格的影响，该风格变得尤为突出，特别是在英格兰的胡格诺派教徒被放逐之后，其中达尼埃尔·马罗就曾在安德烈·夏尔·布勒的工作室接受过训练。同一时期更为豪华的橱柜，则涂有中国漆或日本漆，并放置在金色或银色的支撑物上，从而带有彰显个性的异国情调。

写字柜——下方是抽屉柜，柜子上方的斜面部分构成了写字板，自威廉与玛丽时期以来，写字柜一直很流行。顶部三角墙由两个相对的涡形装饰构成，整体被勾勒成金色。而在镜门背后，这件家具的上半部分被划分为抽屉和小储物格，用以存放文件。

安妮女王时期的扶手椅——在此期间，对舒适性和简单性的渴望导致了对弧形立柱车削工艺、复杂雕刻以及过于繁复的日本风格的放弃。在这种椅子中，大底脚的椅子腿和威廉与玛丽时期的低靠背相协调。靠背的中间是坚固的板条，它被切割成栏杆侧影的形状，并与两侧的立柱蜿蜒相连。

克里斯托弗·雷恩设计的圣保罗大教堂（1675—1710）

可折叠桌

威廉与玛丽时期的橱柜

写字柜

安妮女王时期的扶手椅

摄政风格

摄政风格（1715—1730）酷似路易十四统治末期的风格，因为它表现出同样的特点。况且有些艺术家，如建筑师罗伯特·德·科特(1656—1735)就曾在路易十四和摄政时期生活和工作过。这种风格保留了路易十四风格的庄重，但具有一种尚不是路易十五花哨风格的随意性。

内部装饰包括巴黎的法兰西银行金色大长廊、司法部和土地信贷银行占用的旺多姆广场的一些宅第的几个房间。摄政风格延续到 1730 年前后。

阿尔让松宅第——这一装饰是建筑师布弗朗(1667—1754，法国著名建筑师、装饰师——译者注）的作品。有从路易十四时代遗留下来的壁柱和檐口上的菱格锦底纹，新成分为壁柱上端的"小提琴状"卷边牌匾、线条蜿蜒曲折的壁炉以及拱隅呈倭角形的镶板。

图卢兹宅第——位于法兰西银行楼宇之内的这一宅第的"金色长廊"是罗伯特·德·科特的作品。门的上方仍是方格底子，不过柱式的处理极为随意，只需点出喇叭状的柱座以及中央圆花饰即可。

半身女像饰——这里指的是衣领呈环状、头插羽毛饰的小型女子半身像，随处可见这种装饰，比如图中的镜子转角处，家具腿的拐角等。

棕叶饰——每个叶形饰或叶子都是分开的，边缘是叶脉，中央是串珠般的小花叶饰。值得注意的是那种带叶状框角突饰的倭角形镶板。

桌子——特点与路易十四风格的第二时期相同。狮爪形桌腿也根据同样的造型要求而呈弧形。

龙——这一神话动物被用于这个时期的所有装饰和家具之中，也出现在某些建筑物的阳台上，比如巴黎的谢尼佐府第。

巴黎，阿尔让松宅第　　　　　　　　巴黎，图卢兹宅第

克雷桑设计的桌子（卢浮宫）

半身女像饰　　　　　　　　　　棕叶饰

路易十五风格　初期风格的装饰要素

　　路易十五风格首先与"罗卡尔"（贝壳卵石装饰——译者注）的流行相一致。但是到了约1750年掀起了一股强烈反对罗卡尔风格过分装饰的潮流，从那时起开始了路易十五风格的第二时期，这种"新古典主义"精神一直延续到国王去世(1774)，并为路易十六风格的来临作准备。

　　路易十五初期风格的特点是曲楣和反向曲楣的使用、线条的蜿蜒曲折和波浪起伏以及取消古典柱式的倾向。

　　罗卡尔——指的是由贝壳、贝类动物、卵石凝块等成分演绎出来的形状。贝状螺旋形的单线勾勒处置导致了法国"罗卡尔风格"的诞生，在法国以外叫"洛可可风格"。与波浪起伏的造型及透雕镂花成为同义语的罗卡尔风格，席卷了当时所有的装饰艺术。它的随心所欲使背靠背或并列的 C 形旋涡饰，以及适合线条各种变化的 S 形旋涡饰数量大增。

　　托座——路易十五风格在流行的全过程中表现出两种倾向：一是如同在南锡的托座中，过多使用不规则的线条和不对称的构图，另一种倾向则是如同来自巴黎一所古老宅第的托座那有节制的随意性，以及相当严谨的对称。

　　火焰边饰——小火焰状边饰也常被用来取代波浪形边饰，如图中显示的那样，在贝状饰的上端是由三片棕叶组成的花叶饰。

　　贝壳棕叶饰——路易十五风格将这两种成分结合成一个图案。这里提供的范例来自巴黎苏比斯府邸的细木护壁板。值得注意的是，这一装饰片段的构成是何等精致、轻盈、细腻，并富于才气。

　　带翅膀的卷边牌匾——这种图案随处可见，在镜子顶端或窗间墙上，在檐口处，等等。

罗卡尔和波形边

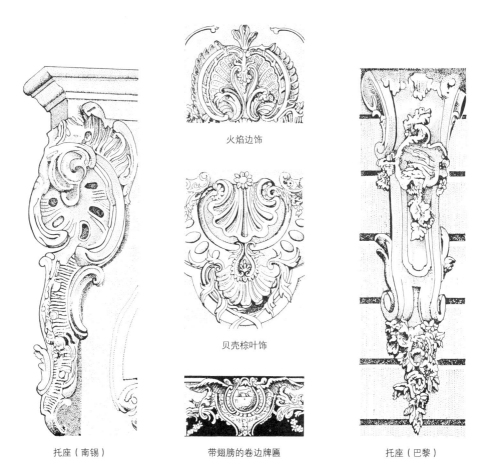

火焰边饰

贝壳棕叶饰

托座（南锡）　　　带翅膀的卷边牌匾　　　托座（巴黎）

路易十五风格 二期风格的装饰要素

路易十五二期风格始于1750年，它是在对罗卡尔泛滥的反思中建立起来的。其特点首先是装饰的趋于平和以及布局恢复到路易十四时代的高雅布局，其次是对古代日益精确的模仿从而导致"新古典主义"的诞生。

武器战利品饰——新路易十四式的审美情趣使这一伟大朝代战争题材的装饰又重新流行，由武器组合的战利品饰放置在划分成四边形装饰单元的壁板里。

自然主义——在这些直边框架的壁板中还有带人像的圆雕饰或充满自然主义精神的装饰，其浮雕的刚毅造型无疑也继承自那个伟大的世纪。

"希腊式"时尚——帕埃斯图姆（意大利古城名——译者注）的希腊多立克柱的发现逐渐影响到装饰艺术家。他们之中的德·纳佛若和德拉福斯（17、18世纪法国画家——译者注）抛出了"希腊式"图样，摆出一副故意的甚至夸张的仿古模样，计有钟摆或圆柱柱身状的托座腿、希腊式檐壁雕带、狮面、鹰头狮身带翅怪兽的爪子，尤其是呈"井绳"状的花环。家具行业对这一时尚尤为敏感，其关注度为室内装潢物件样式的僵化和风格的净化趋势铺平了道路。

复古癖——对古代的膜拜在建筑上根深蒂固，导致对古代柱式的模仿，同样也改变了装饰图案的保留式样。继罗卡尔和中国风之后的是仿古的檐壁雕带或浅浮雕，以及将山林水泽仙女形象、花瓶、波状叶旋涡饰、古式三脚支架或象征丰收的羊角等混在一起的构图。同时，在最后几年，线脚装饰和浮雕变得更浅、更刻板。

圆雕饰

凡尔赛，路易十五的浴室

协和广场的建筑物

卢夫西恩城堡的护壁板
（1771）

德拉福斯的"希腊式"装饰

勒杜设计的武器战利品饰
（卡尔纳瓦勒博物馆）

路易十五风格　建筑

西蒙讷宅第——路易十五统治时期圆柱柱式的使用趋于消亡。建筑的正立面朴素，仅由规则的窗户表现出一定的节律，这与内部繁茂的装饰形成反差。房屋临街的楼下一层常有巨大的连拱廊，在其拱腹中包含有夹层的窗子。装潢只限于连拱廊的拱顶石和门窗洞的木栓、拉条和砌缝、铁制饰品和门扉以及阳台的三角楣或托座，阳台本身饰有锻铁铸的线条蜿蜒曲折的图案，呈凸肚形，称为"花篮"式样。

栅栏门和阳台——用锻压铁板或熔铸金属制成的罗卡尔风格装饰、波形边水草叶子、镂空的栅栏，充斥着铁饰制造业。尽管其曲线充满活力，栅栏门在建筑结构上仍然明快而结实。在南锡，让·拉摩尔为斯坦尼斯瓦夫广场设计了一个激动人心的整体安排，在此之前埃瑞（18 世纪法国建筑师，洛林公爵宫廷建筑师，以设计南锡城市中心而成名——译者注）曾赋予它一个宏伟的布局。

协和广场——这是加布里埃尔（18 世纪法国建筑师家族中最著名的建筑师，路易十五的总建筑师和建筑学院院长——译者注）1757—1763 年的作品。通过柱廊的重新使用以及外形的朴素无华，广场建筑标志着阿杜安－芒萨尔学院派的回潮，也由此开始了路易十五风格的第二时期。

小特里阿农宫——到了路易十五末期风格的第二阶段，受古代影响，外形不加修饰的趋势日益增强，为的是突出主体的清晰度和表面的光洁。基于这种严谨的考量，加布里埃尔为小特里阿农宫设计出一种优雅的切割格局。但是年轻一代为了让建筑的各基本实体得以明晰，选择了前面有门柱廊的古典式小亭阁。勒杜（路易十六时期府第设计的革新者，"革命的新古典主义"风格的主要倡导人——译者注）设计卢米西艾尼亭阁（1771）时就是这样做的。带巨型柱的列柱廊被用于教堂，如查尔格林（发展了新古典主义建筑风格的法国建筑师，巴黎凯旋门的设计者——译者注）在圣菲利普－杜－鲁勒教堂(1765—1777)，苏夫洛(18 世纪古典复兴风格的倡导人——译者注）在首都的圣热内维埃夫教堂之所为。这种对细部和主体的新处置办法此时已彻底地和传统决裂，并宣告了路易十六时期新古典主义即将来临。

南锡，栅栏门

巴黎，西蒙讷宅第

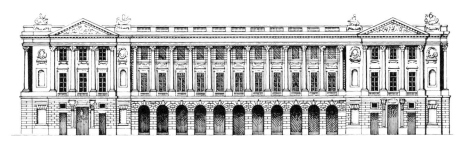

巴黎，雅克·昂热·加布里埃尔设计的协和广场（1761—1770）

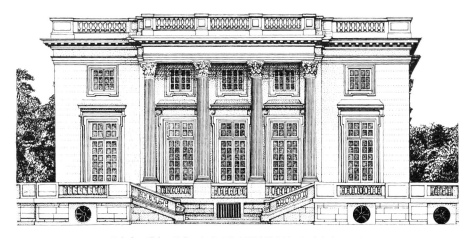

凡尔赛，雅克·昂热·加布里埃尔设计的小特里阿农宫（1764）

路易十五风格　内部装饰

苏比斯府邸——路易十五初期风格最富创造性之处，表现在内部装饰上对罗卡尔形式的采纳。多亏像韦尔贝克特那样的装饰师，在凡尔赛宫的路易十五卧室或是在座钟书房中的工作，壁板上的装饰性雕塑当时达到了出色的制作水平。主要的装饰在壁板的两端或中心位置，这些凹凸起伏的弧面形壁板四周镶有纤长的框条（即同样饰有雕花的拉长的镶板），有时中心有圆雕饰。由于和洛可可的浮夸势不两立，韦尔贝克特只满足于一种平面的艺术，与繁缛的造型相比，他更加倾向于线条的普遍起伏，及浮雕那微妙和充满动感的变化。随着卷曲和螺旋线条的增加，房间的四个角做成弧面，檐口呈凹形向前突出。棕榈枝或系绸带的灯芯草沿着镜框向上攀升。但在法国，这一装饰运动并未向不对称布局让步。曲线与反曲线在颠倒中相互抵消并维持构图的平衡。

罗昂府邸——装饰绘画从异国情调的滑稽怪相以及中国情调中获得灵感，这是世纪初由贝雷因、奥德朗和华托（法国 18 世纪画家，其绘画反映法国当时正从浮华的巴洛克时代进入洛可可时期——译者注）引入到阿拉伯式花饰图案中的。

罗什舒瓦尔府邸——作为对罗卡尔过度泛滥的反制，路易十五二期风格首先恢复到勒波特的路易十四风格，采用其厚重的拱顶曲面、丰满的檐口（如军事学校）。雄壮刚毅的巨大壁柱逐渐成为带古典倾向的系列装饰的一部分，就像在图中那样，被纳入框饰的长方形构图中，成为一种背景安排。

小特里阿农宫——（对罗卡尔过度泛滥的）第二种逆反现象表现在本朝末期对古典时代的普遍钟情，采用的是装饰物上的一种优雅的冷峻风格和严谨而精细的线脚。那时，在浅色调的护壁板上显现的是花叶边饰、圆花饰、条状雕带和花冠饰，它们严格按几何图形分布，这已属于未来的路易十六风格。

巴黎，苏比斯府邸，客厅

巴黎，罗昂府邸

巴黎，罗什舒瓦尔府邸

小特里阿农宫，聚会厅（1765）

路易十五风格　初期风格的家具

　　座椅——路易十五座椅的特点是轻巧、舒适和线条协调。椅腿间的横掌没有了，椅腿呈S形，轮廓鲜明。扶手不再和椅腿成直角，而是稍往后缩，常常呈喇叭口状，这是为了适应当时流行的用裙环撑开的长裙。椅座也不像以前那样截然分为座子和靠背两部分，而是合起来形成由线脚加以突出的连贯的线条。雕刻的装饰有小花、棕叶、贝壳、卷边牌匾和叶旋涡饰。最后，椅背呈"提琴形"，也就是说在扶手部位变窄。值得一提的是座椅有两边为实心侧面的"安乐椅"，两边带填充垫料靠手的"告解座"扶手椅，以及低靠背短扶手双人座的"侯爵夫人"软座圈椅。

　　蜗形腿倚壁桌——一般说来，"罗卡尔"成分尤其表现在蜗形腿倚壁桌使用的夸张扭曲线条中。

　　斗橱——出现在路易十四统治末期，这是一种由呈S形腿支撑的带抽屉的家具，上面有罗卡尔风格的青铜镀金饰物，但也有细木镶嵌外表的效果。首先见到的是进口的彩色木料的细木镶嵌，底子为几何图案的组合：棋盘格、星星、菱形，然后是花卉图案。

　　"中国样式"漆木家具，使用的是以发明该工艺的细木工匠名字命名的"马丁漆"，凸起的"涡纹卷曲饰"与一片片贴面板形成对比，共同产生绚丽多彩的效果。木材的纹路走向按照贴面板的十字中轴线对向安排。贴面家具用普通木料制成，上面覆盖一层贵重木材制作的薄片。图中漆画斗橱的装饰主题来自中国艺术，自成一体的镀金青铜图案勾勒出橱柜的总体轮廓。

　　家具的款式极为多样，如五屉的"针线、饰物柜"，带活动桌面板的"折叠写字台"或"人字顶书桌"，也叫"小梳妆台"的"盥洗桌"，带三块折叠板的平面办公桌，中间遮板的背面是镜子、带有百叶窗帘的低矮"床头桌"，等等。

　　枝形壁灯——扭曲的线条十分适合青铜的制作，尤其是枝形壁灯，它的枝臂和叶状的灯头出自一块大叶片或是半身像的束腰底座之上，波浪起伏和断裂的线条完全是罗卡尔风格。

枝形壁灯（枫丹白露）

蜗形腿倚壁桌（枫丹白露）

雕花扶手椅

漆画斗橱（伦敦，华莱士收藏馆）

路易十五风格 二期风格的家具

从 1755—1760 年起，家具也和内部装饰一样，日趋柔和。罗卡尔风格仍然存在，不过表现形式更收敛、更克制。随之出现的第二种现象是，对古代日益增长的崇拜在家具装饰中引进了新的装饰主题，曲线又明显地恢复到直线。由于这些直接预告路易十六风格来临的因素，路易十五统治下的这个艺术时期被命名为"过渡风格"。

扶手椅——本朝中期的一切特点继续保留：突出的外形轮廓、刻有贝壳和小花的装饰，但出现在更为静态的线脚装饰之中。"过渡"精神体现在"古代风格"的厚重花环的出现，它那重复的节奏与座圈线条蜿蜒的动态形成对比。

斗橱——向路易十六风格的过渡在这里显得更为鲜明，既表现在装饰中，也反映在家具的外形上。线条重又变直的事实体现在以下两方面，首先是对平坦表面的应用，这一点由于中央凸前部分的效果而显得更为突出，其次是支撑部分的缩小，过去造型突出的轮廓演变成了弓形短腿。尽管如此，浑圆的转角对削面刻板的外观起到弥补作用。带明显新古典主义精神的青铜装饰，从此以它仿古韵味的特色与罗卡尔风格背道而驰。蔷薇花构成的绶带饰、几何图案组成的框饰小线脚、带橡树叶花环的圣爵形图案和涡状花纹饰，以及环绕其周边的垂幔饰和蛇的图案，都在路易十六风格的希腊—罗马保留装饰图案之前提早出现。

文件架——本朝末对古代日益增长的崇拜促使"希腊式"时尚的诞生，外形上喜欢厚重，装饰中充满了对考古发现的引用，不过在向古代汲取灵感时有时还是有些异想天开。图例中除带状装饰、狮子头、武器组合的战利品饰之外，这里还坚持使用了建筑式的保留项目，包括凹槽、作为托座的大型倒置涡形装饰以及神话群像组成的鼓形座。

扶手椅（巴黎，装饰艺术博物馆）

杜布瓦的文件架（约 1760—1765，华莱士收藏馆）

斗橱（约 1770）

洛可可风格

巴洛克曾代表一种很普遍的趋势。18世纪上半叶，在这种潮流之中形成一种名叫"洛可可"的明确的装饰风格。与法国路易十五风格一起出现，是罗卡尔时尚的日耳曼的译称，洛可可风格也波及意大利北部，并通过奇彭代尔（18世纪英国的家具大师——译者注）风格传入英国，但影响要小一些。

罗卡尔——它是通过像蒙东、拉汝、居维利埃（18世纪巴伐利亚洛可可风格的主要建筑师——译者注）这样的装饰师和建筑师的出版物或业绩传入德意志的。这些式样立即成为仿造和演绎的目标，尤其是在奥格斯堡，朝着极其过分和不对称的方向发展，如同这个克劳贝尔的构图所表现的那样。

卷边牌匾——扭曲变形和不对称的卷边牌匾，边饰参差不齐，呈花边状，这一切汇总起来给人以波浪起伏和震颤的感觉，使洛可可成为一种轻盈手法和专做内装饰的平面艺术。

阿梅连堡的厅堂——在受凡尔赛艺术影响已很明显的德意志，法国建筑师如拉·盖皮埃尔（18世纪法国建筑师和装饰家——译者注）或居维利埃，将特里阿农和马尔里（法国宫殿名——译者注）更讨人喜欢的时尚与当地的口味相结合。这里门窗洞三角楣的蜿蜒曲折、战利品饰的持续下垂，或是敞开成为平台的圆顶，几乎都没有超越阿杜安－芒萨尔的古典主义的变种。

施赖茨勒尔府邸的节日大厅——相反，在这些建筑内部，日耳曼式洛可可风格的特点是形体的爆发状解体。向四面八方晃动的线脚收拢为一个边缘呈锯齿状、带缺刻的挥发性网络，其中充斥着曲楣与反向曲楣、线条的断裂与不相交的缠卷，使之厕身于罗卡尔风格旗号下的最极端者之列。此时，壁炉、门壁板、画框和镜子消失在取材自贝壳和植物形状的铺天盖地的透雕镂花、波浪纹、螺旋纹和绠带饰中，贝壳和植物形状在白色或浅色的底子上呈金色或银色浮雕凸起。

卷边牌匾（布吕尔城堡）

奥格斯堡，施赖茨勒尔府邸的节日大厅　　　　　　罗卡尔

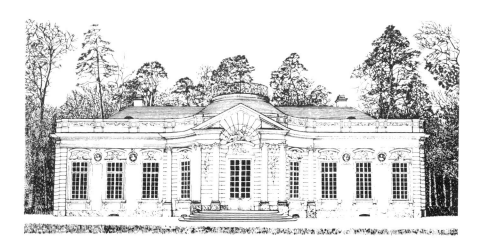

慕尼黑，阿梅连堡的厅堂（1734—1739）

乔治风格

乔治风格阶段从 1714 年延续到 1811 年，涵盖了乔治一世、乔治二世和乔治三世统治时期。这一阶段内多种不同风格先后流行，包括晚期巴洛克式、洛可可式、新古典主义、繁复中国风和第一次哥特复兴风格等。

巴斯马戏团——约翰·伍德借鉴罗马马戏团的样子，在萨默塞特郡巴斯市建造了这座雄伟的建筑群体。与罗马马戏团一样，这座广场主要也是用于举办各种演出。多利安式、爱奥尼亚式和柯林斯式三种截然不同的柱式成对矗立，表现出强烈的节奏感。统一样式的檐口向两侧延伸，却使外立面显得十分单调，但这只是表面现象：通向广场的马路打断了建筑的排列，而隐于建筑内的套房的内部结构则各不相同。

卡罗琳女王图书馆——建筑师兼制图员威廉·肯特设计的这处书房，既是盛行英格兰的新帕拉迪奥派建筑师们恢复理智的表现，也是曾到意大利威尼托地区参观过的建筑爱好者们的要求。它的设计简洁复古又不失大胆：书架上方采用了三角形拱顶和拱形装饰，整体样式与由柱子和条饰穹顶构成的中央入口相互对应。

齐彭代尔式座椅和睡床——英国人对来自欧洲大陆的洛可可主义不太感兴趣，他们更喜欢来自远东的艺术，即所谓"中国风"。齐彭代尔在他设计的睡床和座椅上，融入了来自异国的梦幻造型：有如宝塔般的华盖，木条拼接的中式床头，仿竹子造型的床腿。工艺与装饰一样精心雕琢：床体采用了金色与黑色的亮漆面，座椅主体则由桃花心木雕刻而成。

餐厅家具设计——这套新古典主义家具是罗伯特·亚当为奥斯特利公园的餐厅设计的。虽然诞生于新古典主义趋势开始流行之前，这套家具已展现出新古典主义绘画般的精确和纯净，并能满足传统教育培养出来的买家们的要求。亚当以他在罗马别墅壁画上观察到的物品作为依据，来驳斥洛可可式的过度装饰。

沃德城堡的哥特复兴式装饰——出现在这个时期的哥特复兴式内部装饰，尤其是收藏和创作家贺拉斯·沃波尔为自己在草莓山的宅邸和为威廉·贝克福德在丰特希尔城堡做出的设计，同样追求梦幻般的秀美。英国哥特式建筑的"伞"形拱顶为装饰提供了灵感，爱尔兰沃德城堡大厅的天花板便是如此。

约翰·伍德设计的巴斯马戏图（1754—1758）

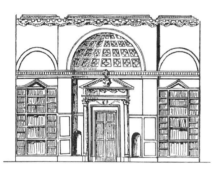

威廉·肯特设计的卡罗琳女王图书馆（约 1730）

罗伯特·亚当设计的餐厅家具（1773）

齐彭代尔式睡床（约 1754）

齐彭代尔式座椅（约 1750）

沃德城堡的哥特复兴式装饰（1772）

路易十六风格　装饰要素

　　路易十六风格的发展相当于1770年出现的新古典主义的鼎盛时期，这一股欧洲思潮起源于对古代的大规模的重新发现。源于路易十五末期的路易十六风格是一种对古代艺术的回归，但又带有新意：这时发现了赫库兰尼姆（意大利南部城镇埃尔科拉诺的古名——译者注）和庞贝遗址，一组艺术家赴希腊和中亚的研究之旅向世人揭示了希腊艺术。透过"庞贝风格"，随后是"埃特鲁利亚（意大利托斯卡纳地区的古代民族名——译者注）式样"，对古代的模仿变得日益精确。

　　护壁板——由一个两侧垂挂着叶子饰带的花瓶或冒烟的小香炉组成的图案，非常流行。值得注意的是上面的两个把手均为"希腊方形回纹"状，凹角的设计给小圆花饰留出了地方。

　　浅浮雕——长方形雕带的古代韵味的浅浮雕在家具上以青铜所制为主，在门上、栅栏围墙和顶楼上则为模塑灰墁、大理石、陶器或透视画，镶在加厚的长方形开光平板上。

　　托座——具有宏伟气势的新古典主义语汇从古代程式中借用了其刚硬严整的形式，但也引进了一些变异品种。带沟槽和悬锥饰的希腊式三槽板，在这里加上了沉甸甸的"井绳"状花叶饰。

　　花叶饰——橡树叶、月桂树叶或橄榄树叶常被放在一起做成花叶饰。

　　十字交叉饰和缠枝饰——在镜子或门的两侧竖立着灯芯草束，交错的饰带起着连接的作用。月桂或橄榄树枝在内装饰中的狭长的护壁板里交错缠绕。

　　战利品饰——分为两种：一种是爱神、箭筒、玫瑰花冠、燃烧的火炬等；另一种则为乡村的标志，如农具、柳条筐、蜂箱等。

　　阿拉伯式花饰——其成功来自庞贝绘画和古代及文艺复兴时期奇异图案的魅力。

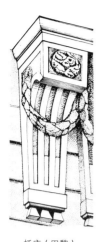

托座（巴黎）

浅浮雕

花叶饰、卵饰、橄榄饰

缠枝饰、十字交叉饰、象征物饰

阿拉伯式花饰

镶板，位于门上部

路易十六风格 建筑

亭阁——路易十六时代对古风的喜好有多方面的表现。一种温和的新古典主义在王后的建筑师理查德·米克（18 世纪法国建筑师，曾任法国王后玛丽·安托瓦内特的私人建筑师——译者注）的作品中表现得尤为突出，在使用希腊 – 罗马式装饰方面对古典主义的忠诚度，绝不亚于阿杜安 – 芒萨尔和加布里埃尔。从供消遣用的亭阁的结构平面上的凸起部分，其隅角的斜面以及由栏杆组成的可爱的顶饰中，可以感到这一传统的存在。他从古代传承的主要有：由托座支撑的门窗洞三角楣的华丽装饰、齿饰、上楣檐壁由连绵的花环组成的条状装饰带，以及刻在长方形开光平板上的神话浮雕。在别处，这一时尚可以与文艺复兴和巴洛克饰物繁茂的柱式及连拱廊相结合，在波尔多剧院就可以看到这种舞台般的雄浑规模。

巴加泰勒亭阁——继承自帕拉迪奥的第二种倾向是建造四面孤立、造型简朴而优雅的房子。这些平面结构紧凑的建筑物反映出一种雅致的形式主义，它将墙面砌缝、连拱廊、塞里奥式门洞和半圆凸出的壁龛与上覆小圆亭的客厅屋顶的从顶部采光的形式结合起来。这些仿照古代模式建造的、正立面突出部分有柱廊的建筑，更接近庙宇式房屋，带墙角饰的圆柱组成的列柱廊，可以延伸至整个正立面。

奥德翁剧院——在罗马公共浴池和当时理性观念的启示下，一种严峻的新古典主义则选择朴实无华和粗大厚实的建筑样式。其倾向为外表光洁、装饰物消失、古希腊多立克柱的选用以及虚与实、明和暗之间的强烈对比。

入市税征收处——上述这一种雄浑而严谨的构思，经某些像克洛德 – 尼古拉·勒杜这样的想入非非者之手，便导致一种具备浪漫主义前期精神的狂妄自大建筑的诞生。于是简陋的外形和土气的粗砺面石砌相组合，便营造出一些外貌庞然的屋宇。

贝朗热设计的巴加泰勒花园中的亭阁（1777）

凡尔赛，米克设计的小特里阿农宫的亭阁（1789）

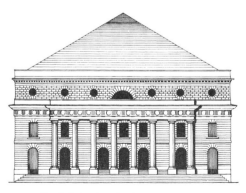

巴黎，佩热和瓦伊设计的奥德翁剧院（1782）

巴黎，勒杜设计的入市税征收处（已毁）

路易十六风格　内部装饰

餐厅——巴黎的奥弗涅塔府邸的奥蒙公爵餐厅较好地反映了宏大风格，这是因为路易十六时代依然维持着一直持续到路易十五朝代末期的路易十四时代追求宏伟的时尚。勒波特味道十足的凸窗、壁凹，宽大的檐口，刚劲有力的折断三角楣、托座和壁龛，花瓶饰的厚重浮雕，这一切都体现了一种十分符合"伟大世纪"精神的宏伟装饰风格。有时还加上巨型圆柱的庄重布局，例如由贝朗热（法国建筑师兼艺术家、园林设计师、工程师，以在法国革命前所做私人住宅和花园的设计而闻名——译者注）为阿图瓦伯爵设计的美松府邸餐厅。

梅里迪安的书房——在小房间的护壁板上，浅而平的浮雕只限于在壁板周围构成一种轻巧的框饰，这种金色浮雕毫不张扬地作用于白或水绿的浅淡底色之上。这里的装饰语言开始时只从古代汲取了一些轻盈可爱的图案：有驿站及希腊方形回纹带装饰、卵饰、串珠饰和心瓣饰、棕榈枝、圆花饰、波状叶旋涡饰、月桂花环。此外又添加了一些涉及情感和风流的主题：皇冠、绸带、箭筒、火炬、箭穿的心形或芦苇秆，另外，还有十分逼真的农具。

庞贝风格——庞贝和文艺复兴的阿拉伯式花饰的影响导致庞贝风格的产生。这种风格一方面可以从轮廓的图解法和浮雕的浅平加以辨认，另一方面便是那些明显的带复古倾向图案的使用，如狮身人面女像、狮身鹰头鹰翼怪兽、象征丰收的羊角、置于三脚支架上的花瓶，以及装饰浅浮雕、手法逼真的圆雕饰，或是仿韦奇伍德（英国制陶技艺大师——译者注）陶瓷（蓝底白花）和仿浮雕玉石，质地为灰塑和绘制，四周环绕的是阿拉伯式花饰和波状叶旋涡饰。到了本朝末这种日益僵化的庞贝风格装饰与圆形、八角形和菱形的几何边框相结合，预示着督政府风格的来临。

凡尔赛，玛丽－安托瓦内特的金色书房（1783）

庞贝风格
（枫丹白露，玛丽－安托瓦内特
的小客厅，1785）

奥蒙公爵餐厅

路易十六风格　家具

　　路易十五风格的"马赛克式"和"锦底双层装饰"的细木镶嵌工艺依然流行。镀金和镂刻的青铜嵌件，尤其是雕凿工匠古蒂埃尔（18世纪法国金属制造工，他创造出"闷光"镀金法——译者注）的作品十分精美；人们还发明了"闷光"镀金工艺。

　　扶手椅、床——路易十六式座椅和路易十五时代的相同，有安乐椅、侯爵夫人椅等，只是形状有变化。椅腿是直的，常有凹槽，以一个带圆花饰的小立方体与椅座连接。扶手椅的两种主要样式为圆形靠背的"圆形"和"帽形"，后者的靠背略成弧形，由两节凹杆与两根支柱连接，支柱上端是个翎饰或是松果状饰物。还有草编座椅或是靠背镂空的藤椅。座椅上覆盖的是绒毯、印花布或丝绒；织锦缎的椅罩主要用于豪华座椅的装潢。

　　安置在房间中间的床，又叫"公爵夫人床"，就像图中的玛丽-安托瓦内特（法王路易十六的王后——译者注）在小特里阿农宫的床，床头挡板为"帽形"。华盖的下摆两侧或为斜面，或呈圆形。

　　斗橱——为了避免线条过于僵直呆板，大部分家具的拐角都采用削面，上面最常饰有青铜镂雕。一般斗橱的腿为倒方锥形或"陀螺状"的直脚，如同图示中保存在伦敦华莱士收藏馆的这个斗橱，不过末端呈爪子状的弧形脚也很常见。还有半月形，也就是半圆形斗橱，两屉两层的"餐具橱"，向三面开门的"女用五斗橱"。

　　倚壁蜗形腿桌——这一方面指一种只有一个抽屉和一张桌板、没有底座的"蜗形腿备餐桌"；另一方面是图示的雕木"倚壁蜗形腿桌"。值得注意的是其前面两条桌腿是直的，后面两条则为"蜗形"。

　　枝形壁灯——最常见的包括一个上大下小倒方锥形的中央支柱，灯的分枝由曲梁和花环饰与主干相连。

　　斗橱以外值得一提的家具有（18世纪流行的）"叠橱式写字台"，这是一种高脚桌子，带一个后错的格架，另外，还有"有活动弧面盖的写字台""有文件格并带活动板的写字台""玩纸牌的独脚小圆桌"等。

"公爵夫人床"　　　　　　　　　　倚壁蜗形腿桌（贡比涅宫）

"帽形"扶手椅　　　圆形靠背扶手椅　　　"帽形"椅　　　枝形壁灯

里兹内尔设计的斗橱

亚当风格

由于拥有像巴斯城的詹姆斯·伍德(18世纪英国建筑师和城市规划师——译者注)、韦尔或钱伯斯(18世纪英国建筑师,为当时帕拉迪奥式建筑的先导者之一——译者注)这样的建筑师,英国在18世纪早期便奠定了新古典主义的基础。在其成长过程中采纳了古代文化的教诲以及帕拉迪奥有关居家建筑的庙宇式别墅的设计方案。但只有亚当兄弟(18世纪英国最伟大的建筑师之一,纤巧华丽的新古典主义的"亚当式"装饰风格的创始人——译者注)在1760年至1780年间才成功地从古代文明中,以一种经常是折中但永远可爱的方式,提炼出具有风格上真正统一的装饰体系。它的影响一直延续到1820年,并于路易十六和督政府时期传入法国。

窗户——来自亚当兄弟亲自建造的两兄弟平台(现已毁)整体中的这面窗户,充分体现了折中主义的特点:从帕拉迪奥那里继承下来的塞里奥式三开门与常见的"扇形"图案相结合。位于伦敦波特曼广场的霍姆府邸是完整保留至今的亚当兄弟整体装饰之一。

三角楣——偏细的花叶边饰充分体现出亚当风格的轻盈。

壁炉——庞贝和希腊-罗马图案的结合在此表现为壁炉侧壁的椭圆形划分,以及带翅狮身女怪司芬克斯、花瓶和公牛头形象的使用,这些都是亚当风格的特点。构图手法略微呆板以及浅色大理石的多彩、刺眼等倾向与日俱增。

斗橱——亚当兄弟自行出版的家具范本,推荐垂直和半月形式样以及浅色细木镶嵌,后者饰有棕榈枝、花瓶、古代式样的圆雕饰、瓷板。

扶手椅——亚当风格在这里的特点是拉长的纤细线条、纺锤形的细腿,"帽形"靠背通常做成网眼或是使用镂空的图案,这些就是细木工匠谢拉顿(英国新古典主义家具设计的主要代表,为18世纪后期家具领域内最有影响的权威——译者注)和赫普尔怀特(18世纪英国家具工匠、设计师——译者注)加以普及的亚当风格家具的特点。

窗子

三角楣

圆雕饰

（伦敦，两兄弟平台）

罗伯特·亚当设计的壁炉（1773）

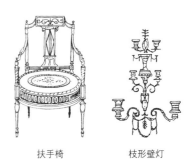

扶手椅　　　枝形壁灯

亚当兄弟设计的斗橱

督政府风格

督政府 (1789—1799) 风格是路易十六时期和帝国时期的过渡风格，它参照了旧制度 (指法国 1789 年前的王朝——译者注) 最后几年那带有可爱"庞贝"色彩的复古时尚与来自英国的亚当风格，后者的线条僵直而细长。

房屋——法国大革命的插曲过去之后，建筑与已在路易十六统治下流行的带复古味道的可爱灵活的风格重修旧好，那时温和的新古典主义，通过采纳帕拉迪奥式的强烈色彩，使自己充实丰富起来。连拱式凉廊、别致的凸雕饰、壁龛、棕榈枝雕带、圆花饰的装潢、继承自亚当风格的"扇形"图案，这一切构成一种和路易十六统治下一样优雅的形式主义，只是略微生硬一些。

小客厅——督政府风格从庞贝艺术中汲取了很多灵感：纤细的小圆柱令人想起庞贝和赫库兰尼姆壁画中虚构的建筑物。不过，在路易十六统治末期的装饰中，来自上述同样源泉的几何图形在门扉和壁板框缘上的使用日益广泛。当时流行的圆形、椭圆、菱形的比例变长。事实上，从图中纤细的小圆柱到装饰，比例普遍拉长。装潢既被排除了它的立体感，便倾向于一种鲜艳而明快的彩色手法。在蓝、浅黄、灰、淡紫或棕褐的底色上，显现出以红色或黑色小线脚为边的阿拉伯式花饰，上面是由圆雕饰、仿宝石浮雕和仿韦奇伍德图样加以充实、丰富了的庞贝图案。

天花板——空间和通风备受重视，尤其在同样盛行几何图形的天花板上。用真的或假的帷幔装饰的中心部分可以构成一个顶篷或是一个圆环、一个伞状花：这是庞贝象征中的天篷。

扶手椅——由于"埃特鲁利亚趣味"（仿希腊花瓶上的绘画）的影响，家具在仿古时直接从古罗马高级行政官员的象牙椅汲取灵感，腿和横掌呈 X 形，像图中那样由类似建筑物的结构组成。

巴黎，贝朗热设计的宅第和小客厅

巴黎，索布尔设计的天花板（1796）

布伦斯设计的扶手椅

帝国风格　装饰要素

　　路易十四和路易十六风格从古代那些在希腊－罗马艺术中仅仅是作为起点的形状和构图中演绎出一种独特的艺术。帝国 (1799—1815) 风格是考古学占统治地位的一种新古典主义，其中以几何构图为主导的装饰不断重复，并进入严格的对称组合之中。在巴黎博阿尔内府邸的装潢中占上风的，是一种宏伟而整齐划一的理念，如图中所示天花板。路易十六风格的精致魅力不见了，但整个构图给人以某种辉煌感。

　　帝国风格有很强的统一性，这主要归功于拿破仑的两位建筑师柏西埃和方丹（法国室内装饰家，同为室内陈设与装饰方面帝国风格的创始人，两人终身合作，曾任拿破仑宫廷首席和副席建筑师——译者注）的影响，他们出版过有关装饰、家具、金银制品等样式的汇编。

　　帝国风格的灵感主要来自希腊－罗马艺术及庞贝风格，来自大自然的影响微弱且罕见。

　　从希腊－罗马艺术借鉴的图案除了希腊方形回纹饰、卵饰、心瓣饰、棕叶饰等之外，还有战争的标志，如盾牌、利刃剑、头盔等。有几种图案特别流行：系飘逸绸带的花冠、展翅直立的鹰、如下页图中手持花冠的胜利女神、吹号的信息女神、手持花环的儿童或与灯架饰相间的雕饰带。此外，还有神杖、奖杯、双耳尖底瓮。从庞贝风格借鉴的有细长的棕叶饰、三脚支架。取材于神话传说的有鱼尾海马，螺旋状翅膀、尾巴卷曲的狮头、羊身、龙尾的吐火怪兽，蛇发女魔戈耳工及酒神巴克斯的头。

　　由埃及战役引进的是狮身人面像、头戴古埃及头饰常为赤足的女像柱、饰有莲花的柱头和柱础、古埃及的象形文字。

　　动物图案有天鹅、鹰、狮子头。最后，拿破仑的象征是蜜蜂、N 字母和鹰。

巴黎，里尔大街 78 号，欧仁·德·博阿尔内府邸的天花板（1803）

帝国风格　建筑

　　私人住宅满足于帕拉迪奥之前的样式，或将相关楼宇简化为整齐划一的正立面，有时则像里沃利大街上的那些房子一样加上连拱廊，与此同时，公共建筑迎来了新的飞跃。

　　证券交易所——古代信条强制使用罗马帝国柱廊，象征新体制的持久不变。正如图中布隆尼亚尔（17、18 世纪法国建筑师、装饰师——译者注）设计的证券交易所和维农（17 世纪法国画家、雕刻家——译者注）设计的圣马德莱娜大教堂，都是围柱式庙宇建筑，或是如同普瓦耶（16 世纪法国大法官——译者注）的立法团宫（国民议会）那简单的科林斯式门柱廊，这一公共建筑的特点是规模巨大、外表毫无装饰和外形的几何学设计，以及硕大的正立面那不厌其烦重复的节律的统一性。维农在圣马德莱娜大教堂再现的，是放大了许多的尼姆迷人的卡累尔神庙。查尔格林（发展了新古典主义建筑风格的法国建筑师，巴黎凯旋门的设计者——译者注）取消了星形广场（现名戴高乐星形广场——译者注）的圆柱，为的是给其凯旋门以更宏大的基础，现在后者由厚实的大石台座支撑。

　　骑兵竞技场拱门——帝国的官方建筑师柏西埃和方丹与严峻而刻板的学院派相反，提出一种更灵活和折中的构思。在模仿古代之余添加了对文艺复兴和古典主义时代的效仿，正如人们在内装修中可以看到的那样。在他们设计的骑兵竞技场拱门中，毫不犹豫地引进了色彩和一些别致的细节趣味，使这一有意做得规模比较小的拱门，成为一座真正具有高雅品位的建筑。

　　喷泉——作为皇帝（指拿破仑——译者注）统治时期内杰作的另一极点，实用建筑的发展导致一些以寓意、埃及风情和异国情调为主题的喷泉大量涌现。

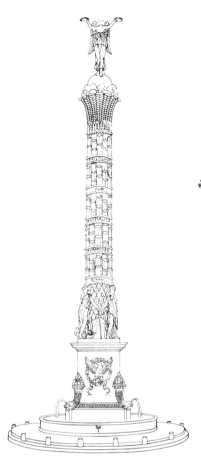

巴黎，柏西埃和方丹设计的骑兵竞技场拱门（1806）

巴黎，布拉尔设计的沙特莱喷泉（最初的模样）

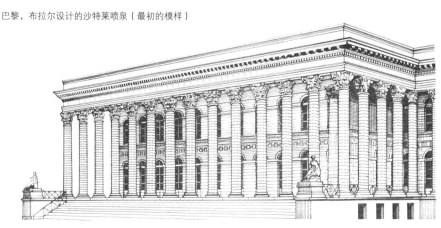

巴黎，布隆尼亚尔设计的证券交易所宫（1808）

帝国风格　内部装饰

客厅——执政府时期(1799—1804)庞贝风格的对于拉长的比例和色彩的偏爱仍随处可见。这个时期从前一阶段继承了纤细的小圆柱、阿拉伯式花饰以及柏西埃和方丹早期使用的典型装饰手法。

四季厅——不过，这时的阿拉伯式花饰要繁密些，不那么线条化。装饰更注重凸起度及分量感，并服从于整体的布局与对称。规则的形状、重复的安排常常服从于几何构图的法规(如鱼刺般的笔直树枝)，日益进入带明显建筑特点的内部装饰中：壁柱或连拱廊组成有节律的巨大开间。督政府时期轻巧且变化多样的几何形划分，此时变得厚重和整齐划一。

壁炉——成熟时期的柏西埃和方丹风格完全转向一种追求奢华和宏伟效应的折中主义。正是这种不断的追求，导致二人在装饰卢浮宫里的几个大厅时，借鉴文艺复兴风格，建造了若干十分壮观的壁炉。

天花板——此外，由于他们的贡献，官方风格对"伟大世纪"的雄浑装饰艺术兼收并蓄，包括它那些四边形门的厚重镶板、精心加工的藻井天花板、装饰过于繁琐的檐部以及宽阔的拱顶曲面。在贡比涅宫，藻井拱穹再次出现在节日大厅之上，并与巨大长方形厅堂的罗马式布局相结合；在卢浮宫，则表现为由拱和柱廊组成的开阔景象。出于对效果的追求，官方风格的折中主义常赋予内部装饰以庞大的规模。

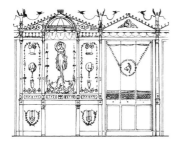

柏西埃和方丹在巴黎设计的客厅

柏西埃和方丹设计的壁炉（卢浮宫）

巴黎，博阿尔内府邸，四季厅

柏西埃和方丹为杜伊勒利宫设计的天花板（已毁）

帝国风格　家具

　　总的来说，第一帝国时期的家具显得平庸，给人的印象是大多忠实而冷漠地抄袭柏西埃和方丹的样本。很少有装饰性，不过也还有若干雕刻和镀金的豪华家具。

　　活动穿衣镜——经过帝国时期的改进，穿衣镜成为一种有固定框架的活动镜子，亦即可以随意倾斜。常为方形，但有时也为椭圆形，如同图中那面玛丽－路易丝（奥地利公主，拿破仑的第二任皇后）的镜子，是奥迪奥和托米尔根据普吕东（18、19 世纪法国版画家和油画家，曾被拿破仑任命为宫廷肖像画师和装饰设计师——译者注）的图样制作的，保留在贡比涅宫。还有带抽屉手提的轻便活动穿衣镜。

　　扶手椅——椅座的后腿呈弓形，前腿是直的，图中它们的末端状如高脚陀螺。扶手有时是天鹅，有时是怪兽。椅腿常常由底部一直延伸到扶手处，而不是停留在座位处。向后卷的靠背比直背要少见。

　　斗橱——大部分家具，如斗橱、写字台、放针线和小饰物的小柜都呈直角，但图中的斗橱转角呈削面并饰有女像柱。没有细木镶嵌，替代"闷光"的鎏金青铜给表面增加了生气，一般情况下，斗橱上的鎏金青铜装饰不像下页那么多，而是显得朴素无华。在下部青铜饰中值得注意的是"海马"，这种图案在第一帝国时代非常流行。

　　与路易十六风格相同的家具也被采纳，但外形更朴素，这就是带活动桌面的写字台、放针线和小饰物的小柜、倚壁蜗形腿桌。桌子常为圆形，或在中间有一单腿，或采用三根小圆柱的桌腿，底部是三角底座，其三条边皆为内凹的弧形。也有放置在三个狮身、鹰头、鹰翼怪兽或三个狮身人面像或三只独脚狮子之上的圆桌。

　　帝国时代的有些家具很有名：收藏在枫丹白露宫的大尺码首饰盒，这是雅各布（18、19 世纪法国家具工匠家族的创始人，是最早采用桃花心木制作家具的工匠之一，所做雕花木器尤为著名——译者注）依照普吕东的设计制作的，同样收藏于枫丹白露宫的还有由相同艺术家设计制作的罗马王（拿破仑之子）的摇篮。

　　这个时代最精美的家具出自雅各布和雅各布－德马勒特尔之手。

　　使用最广泛的木料是桃花心木，还有枫木、柠檬树木和带瘿纹的榆木。

柏西埃和方丹设计的扶手椅

柏西埃和方丹设计的活动穿衣镜
（贡比涅宫）

柏西埃和方丹设计的斗橱

王朝复辟时期风格和路易－菲利普风格　装饰要素

　　王朝复辟时期（1814—1830）的风格摆脱了旨在炫耀帝国统治的浮华和峻板，在盲目崇拜英国风气的作用下，尤其是随着七月王朝时代资产阶级权力地位的上升，更多考虑的是舒适和自在。取代帝国式峻板线条的是更圆润、更舒展的形状，更优雅、更坚实的装饰。同时，对古代的专一崇拜被其他诸如浪漫派钟爱的中世纪、随后是文艺复兴的样式逐渐替代。查理十世，尤其是在路易－菲利普的统治时期，从根本上促使这些对过去年代的借鉴成为一种大杂烩，演变为兼收并蓄的折中主义。

　　新古典主义的遗产——它通过希腊－罗马的保留式样维持下来，不过，摆脱了帝国风格的刻板而变得灵活柔和。连珠纹和希腊回纹图案、圆花饰、卵饰、椭圆饰、心瓣饰和棕榈叶饰，加上胜利女神、女像柱和象征丰收的羊角被大量使用，在构图时基本上去除了帝国的军事象征物。从帝国继承的主要是自然主义的主题，被认为比较平和的图样有带规则支杆的竖琴、星形、海神、狮身鹰头鹰翼怪兽、天鹅、海豚。

　　花卉——这一可爱的时尚自然重新突出了百合花的地位，导致花卉图案的广为流行，花卉和叶子被汇集成花束、花环，或与阿拉伯式花饰、波状叶旋涡饰、圆花饰相结合，用于家具、小摆设的装潢。

　　新哥特式装饰——哥特式时尚在帝国时代已随"游吟诗人(11世纪晚期至13世纪晚期活跃在法国南方、西班牙及意大利北方，用普罗旺斯的奥克语写作的抒情诗人——译者注)风格"而为人所知，从1820年起，因"新哥特式装饰"而取得辉煌成就。圆花饰、卵饰、火焰式小连拱、齿饰和精美的小尖塔占据了装饰领域并有时影响到座椅、挂钟、小瓶子的形状。

　　折中主义——它杂乱地汇集了文艺复兴风格的烛架饰、波状叶旋涡饰、圣体龛或悬饰，还有路易十三时代的螺旋形腿和凸雕饰，以及路易十四统治下的布尔风格或贝雷因式装饰。这一审美情趣的混合和日益增长的繁琐倾向平行发展。

花卉图案（查理十世的卢浮宫）

竖琴和天鹅

皇家徽章（查理十世的卢浮宫）

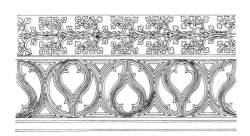

什纳瓦尔设计的新哥特式装饰

新文艺复兴式装饰

王朝复辟时期风格和路易－菲利普风格　建筑

贝尔希教堂——新古典主义的庙宇式正立面和列柱廊继续在教堂、市政厅、医院、法院中流行。此外，教堂还经常使用长方形的平面布局。教堂的大殿和侧道由成排的圆柱隔开，后者的上端是垂直的檐部和凿有窗户的墙面或实墙，覆盖整体的是划分成一个个装饰单元的天花板，或是带有藻井的筒形拱顶。

迪歇诺瓦小姐府邸——柏西埃和方丹派依旧对古代的灵活模仿情有独钟，并在对文艺复兴的巧妙借鉴中将之加以扩展。对凉廊的偏爱，半圆拱的门窗洞和饰有雕塑的壁龛的设置，这一切都赋予住所以一种既可爱又空灵的特点。凉廊常被做成连拱廊，或采用简单过梁。

圣热纳维埃夫图书馆——古典派的更新此时有两种表现：一方面是对古代更深入更富于色彩的模仿，另一方面是主张形式和建筑用途的一致性，以及装饰服从于结构的理性主义思维。理性主义的严峻理想反对一切无缘无故的效果，它看重的是建筑立面所呈现的内在布局的逻辑可视性。这些原则在该图书馆中得到充分体现，由于该建筑同时使用新技术，成为功用主义最早的示范之一。尽管从外表看不见金属的拱和生铁的圆柱，实际上整个阅览大厅的空间完全由它们划定。

新文艺复兴风格——七月王朝在哥特式时尚之外，加上了法国和意大利文艺复兴的风格。这座广场宅第从那里借鉴了三心拱、烛架饰般的支柱、螺旋形圆柱、圆形或菱形图案、壁龛、饰有雕塑和半身像的圆雕饰。

折中主义——随后，时代让位于古代各种风格的混合，比如像马赛大教堂那样，将拜占庭圆顶与罗曼风格样式和锡耶纳（意大利中部城市名——译者注）艺术的彩色装饰结合了起来。

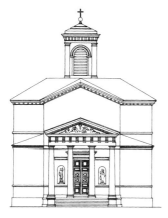

夏蒂荣设计的贝尔希教堂（1823）

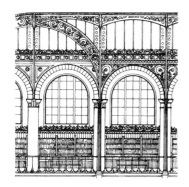

巴黎，拉布鲁斯特设计的圣热纳维埃夫图书馆
（1843—1861）

沃杜瓦耶设计的马赛大教堂

巴黎，康斯坦丁设计的迪歇诺瓦小姐府邸

巴黎，雷诺设计的圣乔治广场宅第

王朝复辟时期风格和路易－菲利普风格　内部装饰

查理十世的卢浮宫博物馆——由柏西埃和方丹维系的官方风格总是将古代柱式、战利品饰、角隅的人像饰，与从意大利文艺复兴和古典时代借鉴的舞台般的魅力掺和起来（卢浮宫圆柱廊的南阶梯）。可是在查理十世的卢浮宫中，路易十四式的带凹圆槽纹并划分为一个个装饰单元格子的天花板、檐带、极富节律的圆柱和壁柱都变得厚重。由于大量使用大理石，这些巨大的实体极富凝重感，上面用灰墁制作的圆花饰、花冠、花环、数字等装饰形成了一层层越来越丰厚的线脚。在公共建筑方面，路易十四式的宏大装饰也导致重新大量采用绘画。半圆室、穹顶、穹隅、半穹拱或交错拱，都交由最优秀的画师来装饰（参议院图书馆）。

彩色装饰——庞贝式装饰自督政府时期以来远没有消失，而是连同其阿拉伯式花饰一直出现在柏西埃和方丹的装饰风格中。不过，在路易－菲利普统治下，杜邦（19世纪法国建筑师、修缮师和水彩画家——译者注）在当皮埃尔庄园中，通过恢复其全部色彩，进行了一次更接近考古的实践。与此同时，庞贝式保留装饰图案中的波状叶旋涡饰、阿拉伯式花饰、几何形框饰，借助拉斐尔的梵蒂冈凉廊的时尚又重新流行，这也是19世纪装饰师们使用的阿拉伯式花饰和怪诞图案的文艺复兴版本。

新哥特式长廊——自1820年起，哥特风格主要在内装饰中占统治地位。在装饰师的样本中，与炉边取暖坐的矮椅和闪闪发光的小摆设相呼应的，是带圆花饰或是齿状三叶饰的天花板或护壁板，以及饰有染色玻璃的尖形窗户。

折中主义——在路易－菲利普统治下，中世纪的图案复杂化了，变为藻井、壁柱、烛架饰和文艺复兴式圆花饰，与它们相呼应的是"亨利二世风格"家具。别处还出现了代表17世纪及18世纪精神的成分。与此同时，随着资产阶级的兴起，装饰的主流让位给偏爱软垫、帷幔和薄纱外罩的"软衬时尚"。

查理十世的卢浮宫博物馆

什纳瓦尔设计的新哥特式长廊

彩色装饰（杜邦设计的当皮埃尔庄园的智慧女神厅）

王朝复辟时期风格和路易－菲利普风格　家具

　　在营造观念上仍相当受古风影响的家具继续以壁柱、圆柱、托座为支撑，也仍然沿用挑檐和底座。不过，它逐渐向形圆体凸的外轮廓过渡。线脚装饰审慎地重新出现。

　　细木镶嵌和拼贴——浅色木料的大量重新启用赋予金黄色调和瘿纹效果以优先地位。在这些明亮的表面上，深色木镶嵌（绶带饰、波状叶旋涡饰、螺旋形装饰、棕榈叶饰、大扁叶饰）取代了帝国时代的青铜装饰，后者已渐罕见。这些花卉式样的细木镶嵌和拼贴日益普遍。但到查理十世统治末期，尤其到了路易－菲利普时代，深色家具的时尚将这一装饰原则颠倒了过来。这一次浅色镶嵌图案（埃及无花果木、枸骨叶冬青、柠檬树）显现在深色木（桃花心木、红木）之上。这些有分量的树种，加重了当时流行的豪华而舒适的资产阶级口味家具的普遍厚重品格。

　　座椅——起始为平面的靠背，或轻微向尽头弯曲的扶手方向倾斜，或是裹上罩子形成如威尼斯轻舟的翘曲式。镂空部分可以借鉴哥特式小连拱和新哥特式的圆花饰及小尖塔的造型。安乐椅的扶手末端为螺旋状、天鹅颈状或怪兽头。椅子前腿保持纺锤形和栏杆柱状，可是它们的立方形部分逐渐凸鼓浑圆，最终形成所谓"青蛙腿式"。为了满足有产阶级对舒适的需要，出现了全部是软垫的炉边取暖矮椅，路易－菲利普时期创造了伏尔泰安乐椅：它的座子低矮，扶手带臂套，高靠背腰部呈弓形。

　　桌子——独脚小桌的圆桌面或削面以及其层间腰线、楣线、顶线的细木镶嵌饰获得巨大成功。同时流行的还有一些辅助的小家具：做女红或书写的桌子、带活动板的小针线桌、花瓶架、带椭圆镜子的小梳妆台，后者的腿和横档呈竖琴形状、S字形、托座形、狭窄的栏杆柱形或竹子状。

细木镶嵌和拼贴工艺图样

新哥特式椅子　　　　　威尼斯轻舟（翘曲）式椅子　　　　威尼斯轻舟（翘曲）式扶手椅

伏尔泰安乐椅　　　　　　　　　　小梳妆台

摄政风格

　　这一时期的建筑和装饰风格，与英国的装饰形式有着密切的联系，也成为了乔治四世（1811 年开始摄政，1820 年正式继位，1830 年去世）统治英格兰的标志。然而，所谓摄政风格通常涵盖了更广的一个时间段，一般是指 1790—1840 年。这一时期新古典主义逐渐覆灭，将成为维多利亚风格标志的折中主义则刚刚诞生。

　　谢拉顿椅——托马斯·谢拉顿编写过一本造型样式集，取得了极大的成功，许多细木工匠都在其中找到了灵感。他制作了这把座椅，表现出一种对乔治风格的净化。这把座椅用细木镶嵌取代了雕刻，椅背做了镂空，只由椅面覆盖了布料，构造非常轻便。整把椅子显得精致素雅，上面的装饰做得十分自由而又不失克制。1805年《亚眠条约》签署后，英国获得了短暂的和平，谢拉顿终于得以从帝国时期的样式中获得灵感，军刀状的后椅子腿便是证明。

　　沙发桌——与门腿桌一样，这张桌子也是用桃花心木制成的。桃花心木是当时家具制作中使用最多的木材。宽阔的矩形桌面、桌面下的两个抽屉、两侧的延长桌板，这些元素能带给使用者舒适富足的体验。而这张桌子上，可以同时看到对家具轻便的追求和对古代风格的效仿：弯成弧形桌腿立在尖头的桌脚上，桌腿间的横撑则能看到一些柱子的装饰要素。

　　坎伯兰联排屋——这一排庄严而宏伟的新古典主义建筑是乔治风格的产物，由当时最著名的建筑师约翰·纳什在伦敦建造。它位于贵族住宅区，属于摄政公园及南边卡尔顿宅邸联排规划的一部分。错落有致的楼层、有凹陷感的墙面，形成了一种经过计算的节奏，让联排屋在路人眼中不再单调。暗含韵律的巨大石柱、光滑平整的主体外墙、统一的建筑风格、凯旋门式的拱门，以及仿佛从凸雕基座上拔起的建筑主体，无一不突显出坎伯兰联排屋在城市整体中的庄严地位。

　　城堡宅邸——19 世纪上半叶后期，一股迷恋中世纪和东方秀美风情的浪潮随着沃尔特·斯科特的小说和旅行者的故事传播开来。这幢建在伯克郡的宅邸就像一座小型的城堡。圆角塔楼从屋顶隆起，白色外墙上垛口深色的边框十分显眼。几年后，这个真正的建筑玩具成为了斯塔福德郡制陶师的灵感之源。

沙发桌

谢拉顿椅（约 1805）

约翰·纳什设计的坎伯兰联排屋

城堡宅邸（约 1840）

毕德麦雅风格

毕德麦雅风格（1810—1840）出现在拿破仑战争之后，主要流行于奥地利和德国。毕德麦雅字面上的意思就是"勇敢的麦雅"，这一风格的特点也尽显其中。换句话说，这一风格代表着"一般人"的中产阶级品味，即在重获和平与繁荣之后，所追求的一种同时具备朴素、方便、优雅和富足的家居舒适感。毕德麦雅风格继承了部分新古典主义样式，同时借鉴了中世纪和文艺复兴时期流行的浪漫元素，成为了折中主义出现的预兆。在很多方面，毕德麦雅风格就是指法国的复辟风格和路易－菲利普风格，以及英国的摄政风格。

客厅的内部装潢——帝国连年征战导致材料短缺，房屋装饰不得不弃繁就简。浮雕和包金装饰均被放弃，墙面保持空白，仅用带状的复古花纹或花卉图案在墙面或立柱中楣上进行装饰。苏菲公主在奥地利拉克森堡皇家城堡的套房内部便是如此。

陈列台——鸟笼、乐器、妇女手工艺品、办公桌和书房，所有这些都使家居生活变得更加美好。慕尼黑建筑师约瑟夫·冯·克伦泽对圣彼得堡隐士庐博物馆所做的装饰，是现存最完好的毕德麦雅派作品之一。

丹豪泽式椅和办公桌——与沉重的法国家具相反，这些桌椅可以说主要是由细木工匠与织毯工匠携手制作的。它们的线条通常简单精炼而富有想象力，而毕德麦雅派最著名的家具制造商、维也纳丹豪泽的作品尤为如此。大量雕刻而成的几何图形与螺旋形和竖琴形的新古典主义元素相益得彰。极少量的青铜饰物和一些镶嵌元素使红木（桃花心木、樱桃木）或黄木（核桃木）朴素的外表变得更加生动。

索耐特式家具——从 19 世纪 30 年代起，米夏埃多·索耐特开始制作曲线造型的木制家具，并发明了相应的制作工艺。很快，列支敦士登的王子就被这些线条的优雅独特所吸引，请他为自己在维也纳的宫殿设计一种容易搬动的座椅。此后，索耐特的公司借助这一令现代建筑师为之着迷的实用工艺，制作出多种不同的产品，公司也因此实现显著扩张。

沙龙内景（1844）

陈列台

米夏埃多・索耐特为维也纳
的列支敦士登宫设计的座椅
（1843—1846）

丹豪泽设计的女士桌

丹豪泽椅

第二帝国风格　装饰要素

　　折中主义——模仿古代风格，喜爱排场与舒适，装潢上的冗赘，这就是第二帝国时期装饰的特点。除追求多样化的时尚之外，还加上借鉴一切样式和包揽一大堆图案的折中主义，人们对这些式样或依样画葫芦抄袭或随心所欲地加以组合。一方面，忠于考古精神的古典主义者尊重装饰的准确用途；另一方面，折中主义者则反其道而行之，他们既不重视装饰的功用，也不顾及材料的性质，而是无节制地玩弄色彩和以假乱真的技术：电镀金、假玳瑁、黄板纸浆线脚、镀锌枝形壁灯等。一些人注意的是布局的逻辑性，另一些人则致力于材料的堆砌。

　　新希腊时尚——古典主义者钟爱的这种风格源于庞贝装饰，在路易十六、督政府和帝国时代已经流行，只是此时更注重对古代样式的更严格准确的模仿。由此导致摒弃折中主义喜爱的粗线脚，代之以纤细的波状叶旋涡饰和精致的浮雕，浮雕上有仿庞贝绘画的奇异图案，嵌在圆雕饰、菱形和椭圆饰中。

　　中世纪——教堂建筑和家具，包括世俗装饰及家具用品，都照哥特或火焰式风格打造。

　　文艺复兴——它比中世纪占优势之处在于其装饰成分的多样性：波状叶旋涡饰、阿拉伯式花饰、花叶饰、圆雕饰、卷边牌匾和锯齿状皮革饰。

　　新路易十四风格——它与朝廷及新贵阶层夸耀卖弄的时尚相一致。所使用的彩色大理石、宽大的檐部、圆柱的柱式和突出的檐口，全都与布尔风格的厚重细木镶嵌以及雕刻华丽的倒方锥形家具腿相匹配。

　　路易十六时尚——"玛丽－安托瓦内特风格"是皇后最钟爱的风格。花卉、花束、绸带、箭筒状家具腿、充满野趣的战利品饰、韦奇伍德式圆雕饰、帷幔和花环都因此成为时尚而流行开来。

中世纪（维奥莱－勒－杜克设计的皮埃尔丰兹城堡）

利埃纳尔设计的家具腿和横档
以及新路易十六风格装饰

折中主义（巴黎歌剧院柱头）

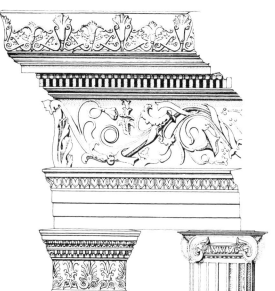

利埃纳尔设计的文艺复兴风格的
家具腿和横档

诺尔曼设计的新希腊风格（拿破仑亲王的府邸，已毁）

第二帝国风格　建筑

折中主义——古代样式的模仿使得各种风格在混合与兼容中变得更为纷繁。勒菲埃尔（19 世纪法国建筑师——译者注）完成的卢浮宫成了一种往往是无根据的过分装饰的借口。新亭阁的多面体穹顶，仿的是 17 世纪的风格，借鉴自第一和第二次文艺复兴时期的倒置托座、虫迹凸雕饰、带环饰圆柱、折断的三角楣以及雕塑，都使这些新建筑复杂化。查理·加尼埃（19 世纪法国学院派建筑师——译者注）的巴黎歌剧院在这繁茂的装饰之上添枝加叶，他的手法是在大理石的色彩、圆穹顶上的青铜饰或铜饰上做文章，并且充分施展帕拉迪奥的文艺复兴及巴洛克的所有舞台般奇丽风貌的魅力。不过，在他身上同时具备一种宏伟的逻辑性，从而赋予整个建筑以坚实的基础和严谨的结构。

理性主义——与无缘无故的大杂烩相反，理性主义者力图根据建筑物的用途和材料的性质来确定其外形。巴黎火车北站（19 世纪法籍建筑师和考古学家希托夫设计）以及在圣奥古斯丁（19 世纪法国建筑师、修缮师和水彩画家巴尔塔设计）采用的石头和铁的结合首先体现了这一原则：在这些建筑中，石头在造型和风格上赋予铁质构架和铸铁圆柱以十分传统的外壳。在拉布鲁斯特的国家图书馆之后，主要是巴尔塔在巴黎中央菜市场的设计中，第一次赋予金属结构建筑以整体的概念。根据规划需要以及材料资源，大胆采用金属结构厅堂的做法，反映了一种功用主义思想。

对中世纪的爱好——中世纪对折中主义者和理性主义者具有同样的吸引力。但在后者当中，巴黎圣母院的修复者（除此之外还修缮过其他的建筑）维奥莱－勒－杜克（19 世纪法国建筑师、理论家——译者注）以他的激进著称。对于他而言，装饰不但应从属于建筑物结构的绝对需要和清晰易辨原则，而且应通过花卉和动物这唯一的手段回归真实性和自然主义。在这些原则之外，还加上对地方模式的必要采纳和对古代样板进行独创性革新的决心。这后一愿望在他自己设计的如圣但尼－德－莱斯特雷或是克莱蒙费朗大教堂正立面中并没有体现。

巴黎，加尼埃设计的歌剧院（1862—1875）

拉布鲁斯特设计的国家图书馆
（1862—1868）

维奥莱－勒－杜克设计的
克莱蒙费朗大教堂的正立面

卢浮宫，勒菲埃尔设计的狮子门

第二帝国风格　内部装饰

　　装饰的堆砌和膨胀占据了全部空间。与堆砌的图案相呼应的是鲜艳夺目的色彩的运用，使用的材料多种多样，与大理石混在一起用的有斑岩、缟玛瑙、马赛克、青铜、金、银、水晶玻璃、彩绘玻璃、用稀有木材或仿黑色乌木镶嵌的护壁板、彩绘瓷器和漆器。

　　巴依瓦府邸——自19世纪40年代以来，随着枫丹白露宫的修复，新文艺复兴时尚又重新流行起来。建筑师芒根正是以这种风格修建和装饰这一府邸的，他的助手之一是图中壁炉设计者、装饰师和雕塑师阿尔贝特·卡里埃-贝勒斯（1824—1887）（法国著名雕刻家——译者注）。在这件作品中，色彩艳丽的装饰材料（镀银青铜、绿孔雀石护壁板、彩釉方砖地）与两侧女像柱有点造作的优雅相结合，后者的灵感仿佛来自贝利方丹式的艺术和让·古戎风格的艺术。

　　餐厅——带涡形装饰、数字以及阿拉伯式花饰的深色天花板和护壁板充分体现了亨利二世时期的时尚风格。

　　佩雷尔府邸——从宽阔的檐带，到路易十四风格的装饰：多重边线的天花板上一个个格子以及室内隔饰，对豪华的追求四处可见。厚重的线脚和沉甸甸的突出部分得益于十分容易模仿木雕的纤维灰浆。同样，电镀法替代古代的青铜镀金，铸铁代替锻铁。在这些富丽堂皇的框饰里，嵌入的是如同16和17世纪一样以神话和寓意为主题的大幅装饰绘画。

　　凹室床——堆砌的图案外加厚厚的软垫以及那由于流苏、穗子和丝带而变得更为厚重的帷幔。软垫在凹室床、家具一直到抽屉内部的装饰中都广泛使用。

　　杜伊勒利宫——与暗色调的餐厅不同，小客厅和客厅的背景为白色与金色，并由漆画的窗间墙映衬着。皇后在杜伊勒利宫寓所的装潢，使华丽的路易十六风格重又流行起来。

杜伊勒利宫　　　　　　　　韦尔德莱特设计的凹室床　　　　　　　巴依瓦府邸

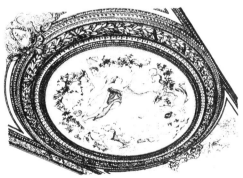

亨利二世风格的餐厅　　　　　　　佩雷尔府邸的天花板

第二帝国风格　家具

亨利二世风格椅子和餐具柜——自路易－菲利普时代以来，文艺复兴的时尚使核桃木、橡木、山毛榉木或是像乌木般发黑的梨木重新流行起来。这些深沉的颜色与罩着深红色丝绒的餐厅及亨利二世风格的雕花家具十分相配。宽大的餐具柜饰有精工制作的圆柱、折断的三角楣、火钵、因怪面饰而充满活力的锯齿状边牌匾、裸童和奇禽异兽。靠背硬而矮的椅子装饰的是刻有凹凸花纹或模压花纹的皮革，或是仿皮的帆布。

椅子——除了在文艺复兴风格的家具中，与彩色和华丽的装饰及配件相比，木料的功能减弱为仅仅充当底座的支撑。布尔风格的锡或铜的细木镶嵌，抑或是黑漆底上的贝壳镶嵌都十分流行。此外还有仿造技术如图中的纸板，通常在制作镂空靠背轻便椅时使用。

盥洗台——在这张精心制作的路易十六风格的台子上使用了以下所有技术：贝壳、铜和锡的细木镶嵌、瓷片，还有镀金青铜、碧玉、天青石、珍珠串。尽管镜子已丢失，但从其横向连杆的混杂装饰便可看出它的折中主义：延续不断的花环图样与叶形和涡状装饰、路易十四风格的垂饰以及一个罗卡尔风格的小爱神组合在一起。雕镂花纹的质量既遮挡不住后面柱头的拼凑现象，也掩盖不了碧玉制成的台沿周边那莫名其妙的复杂图案。由于皇后的钟爱，路易十六风格在女士们专用的许多轻便小桌上得以充分体现。

环形沙发椅和泄密椅——另一潮流是喜爱带华丽饰物和软垫的"软衬时尚"，这种软垫饰有穗子、流苏、垂饰做成的"裙边"。墩状软座、"舒适椅"、低矮的安乐椅、"（靠背在中央的）环形沙发椅"因此迅速流行开来，后者是一种环形圆座椅，扶手可有可无。"知心椅"是一种由 S 形靠背分开的二人圆座椅。当其软面靠背被隔成三个座位时，便叫作"泄密椅"。

利埃纳尔设计的亨利二世式餐具柜

盥洗台（装饰艺术博物馆）

泄密椅（贡比涅博物馆）

纸板椅

维多利亚风格

维多利亚风格是在 1837—1900 年维多利亚女王统治期间发展起来的。它的许多特点与拿破仑三世风格相似。

维多利亚式住宅——随着资产阶级的兴起，一种由两到三层的独立住宅构成的本地建筑布局逐渐兴起。取自古代风格的繁复装饰，诞生了一种经常装饰过度的折中主义建筑风格。这里参照了中世纪建筑元素，如使用木筋墙、高高的烟囱或窗子的中梃，搭配上冬季花园和露台，展现出舒适和富足。

带底座小桌与沙发——这两种家具样式宽大而沉重，与那个时代喜好挂毯和大量装饰的品味十分投合。桌脚和横档以及沙发的靠背都使用了夸张的螺旋造型，使古代装饰图案在新的家居使用中——如坐靠的舒适度及各种各样的支撑和收纳——重新焕发魅力。

水晶宫——作为 1851 年伦敦第一届世界博览会展馆，这座由约瑟夫·帕克斯顿建造的玻璃和金属建筑是由标准化生产的玻璃和金属构件现场装配而成。这在当时是一项货真价实的技术挑战。与同一时期建造的火车站和桥梁一样，这座水晶宫成为了维多利亚时期英格兰强大经济和工业实力的象征。

燃气加热浴缸——人们对卫生和舒适的追求是那个时代的重要标志，并且人们开始利用技术的进步来满足这些新的家居需求。在 19 世纪末电器出现之前，城市中逐步开始安装下水管道和集体供水、供气系统。这已发展带动了浴缸、洗脸盆和马桶等家居设施开发和广泛使用。

维多利亚式住宅（约 1870）

带底座小桌与沙发（约 1880）

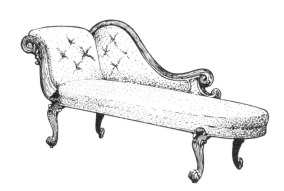

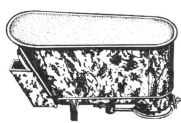

燃气加热浴缸（约 1880）

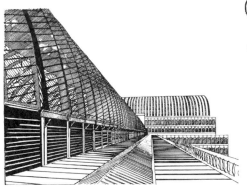

约瑟夫·帕克斯顿设计建造的水晶宫（1851）

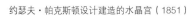

工艺美术运动　建筑与室内装饰

19世纪中期，在威廉·莫里斯和建筑师菲利浦·韦伯的推动下，工艺美术运动从英格兰开始兴起。收到约翰·罗斯金的理论和奥古斯塔斯·普金新歌特式作品的影响，这一运动早期认为，因受到折中主义和工业化生产的影响，工艺品的制作水平正在下降，因而试图改革工艺品的制作。它主张艺术家和手工艺者应该回归中世纪的同业行会合作模式，设计构思也应该遵循中世纪建筑原则而尽量采用简单经济的风格样式。这一运动在进入20世纪初的时候形成了国际性影响，在美国、斯堪的纳维亚半岛和欧洲都有着大量追随者。

红屋——应威廉·莫里斯的要求，韦伯为他和他家人在肯特郡厄普顿建造了这座小型别墅。红屋使用红砖建成，也因此得名。它未再遵循维多利亚时期的折中主义风格，仅使用了简朴的样式，更强调建筑体系，门窗的开口采取了不规则分布，屋顶的样式也是根据房间内部功能决定的。花园是由莫里斯本人设计的，采用的是哥特式的灵感。此后，诺曼·肖采用老式英国风格建造了一系列类似的住宅。

甘博故居——这座由查尔斯·格林和亨利·格林两兄弟在帕萨迪纳建造的小木屋，证明了工艺美术运动原则在加利福尼亚州的影响：仅使用本地材料，采用大规模功能性结构实现家具与建筑的统一。然而，精巧的镶嵌及彩绘玻璃和陶瓷的使用，却违背了社会艺术应允许所有人都能靠近的准则。日式风格取代了哥特式的影响，体现在房梁的结构布置、超出的屋顶和内部空间的隔断上。

罗比之家——美国建筑师弗兰克·劳埃德·赖特为芝加哥这套豪华小屋设计了一大套与其草原派风格一致的家具：桌子和高背椅与地面垂直，桌腿顶端是精致的灯具，椅子横掌和地毯则在水平角度上带给人美国的大平原的感觉。

芬兰阁楼——在中欧和斯堪的纳维亚半岛，工艺美术运动成为了传统民间艺术革新的媒介，并从中借鉴的大量样式和工艺：匈牙利的马扎尔风格、挪威的维京风格、《卡勒瓦拉》（芬兰人的民族史诗——译者注）中的传说及芬兰卡累利阿艺术风格。

菲利浦·韦伯设计建造的红屋（1859—1860）

格林两兄弟设计的甘博故居内景
（1908—1909）

弗兰克·劳埃德·赖特设计的罗比之家的餐厅（1906—1908）

埃列尔·萨里宁设计的 1900
年巴黎世博会上的芬兰阁楼

工艺美术运动　家具和装饰元素

莫里斯公司的座椅和挂毯——从 19 世纪 60 年代开始，莫里斯公司将很多哥特复兴式的艺术品商品化：绘画、书籍装帧、雕塑、挂毯、织物、金银制品和玻璃器皿。这些作品由前拉斐尔派艺术家与手工艺人合作完成，以此表明他们希望通过合作精神消除主流和非主流艺术之间的鸿沟。这些家具通常使用橡木等当地材料制成，质朴天然，打破了维多利亚式的过度装饰风格。

罗斯金《哥特风格》的首页——莫里斯在罗斯金著作《哥特式风格》第一页上使用交织花边和哥特复兴式大写字母作为装饰，这正是工艺美术运动提出的关于革新装饰风格理论的一种体现。对植物的细致研究、使用几何形状和黑白印刷的单线条勾勒，以及类似宗教书籍的图文互补造就了这一页的独特与非凡。

德莱赛式茶壶——克里斯托弗·德莱赛以自己的方式发展了罗斯金的论点——关于通过研究自然推动艺术新生的必要性。作为接受过专业培训的植物学家，他严格依据植物界和矿物界的组成和生长原则来设计物品的形状。由此，产品成本变得非常便宜，外表则是裸露的、有棱角的几何形状，这预示着重视结构超过装饰的功能主义美学开始兴起。

戈德温式收藏橱——与查尔斯·沃西、威廉·莱瑟比或查尔斯·阿什比一样，英国建筑师威廉·戈德温属于工艺美术运动的第二代成员。他深受日本化风格的影响，这种风格在亨利·詹姆斯或奥斯卡·威尔德等美术家中非常流行。他们所钟爱的艺术家具精致而奢侈，外形瘦长而挑逗，与莫里斯和鲁罗斯金所倡导的艺术伦理完全相反。戈德温设计的收藏橱由印度缎木制成，辅以黄铜镶饰。然而，带着中世纪风格的漆面贴金壁板，反维多利亚舒适性的裸露表面，证明了它们仍是工艺美术运动设计理念的延续。

由丹蒂·加里布埃尔·罗塞蒂设计并由莫里斯公司商业化推广的萨塞克斯椅（约 1865）

由威廉·莫里斯、J.H. 迪尔和菲利普·韦伯设计，由莫里斯公司编织的挂毯（1887）

由克里斯托弗·德莱赛设计并由詹姆斯·狄克逊制作的茶壶

威廉·莫里斯设计的约翰·罗斯舍的书《哥特风格》首页

威廉·戈德温设计的收藏橱（约 1877）

新艺术风格　装饰要素

"新艺术"风格是一场欧洲的运动，与折中主义相反，较少使用添加或堆砌的做法，而是着重于融会和综合，力图在装饰和物体的功能之间建立一种有机的联系。不过从 1895 年到 1914 年很短的发展时间里，不同国家有很不一样的表现。

"鞭抽"线条——在法国，如同在比利时一样，流行不对称的线条以及其对比鲜明的变化。它的活力尤其体现在"鞭抽"这种线条的图解，或造型的节奏与反节奏之中。与折中主义静止的装饰不同，新艺术装饰表现的是运动，是生命，它与过去维奥莱-勒-杜克主张的自然主义密切相关，同时成为结构的象征。

花卉——首先由南锡派开创的第一种潮流，是在植物图案及其在线条变化上所提供的丰富资源中，找到与大自然之间内在关联的一种保障。从中最要汲取的是它的生命及繁衍原则，譬如以一种对物质有机状态的特别关注来表现花蕾。梗茎的波浪般起伏与交错，有纹理的、多节瘤的或花瓣的表面效果，常常被简化了的罂粟、矢车菊、葡萄蔓、麦穗、伞形花、百合、牵牛花、兰花以及来自日本艺术的菊花的展示相结合。

动物——除了关注睡莲之外，爱好日本情趣的时尚还引起人们对蜻蜓、青蛙、蝴蝶的水栖世界的注意，而象征主义风格则推动了使用刻有文字的细木镶嵌。

女人——人们将女人加入花卉和动物图案之中：由于她的性别及波浪形线条，比如那长而密的秀发，女人成为生命基本原则的另一象征。

抽象倾向——巴黎的某些艺术家，如吉马尔（19、20 世纪法国建筑师、家具设计师、装饰艺术家，新艺术运动在法国最有名望的代表人物——译者注）代表的第二种潮流并不那么倾向自然主义或描绘性，而是从植物世界中提取一种创造有机形状并趋向抽象的笔法。于是装饰和结构融合，进而完全统一，经由起伏和扭曲的线条来实现，并使铁、铸铁、玻璃或石头等材料服从其目的。

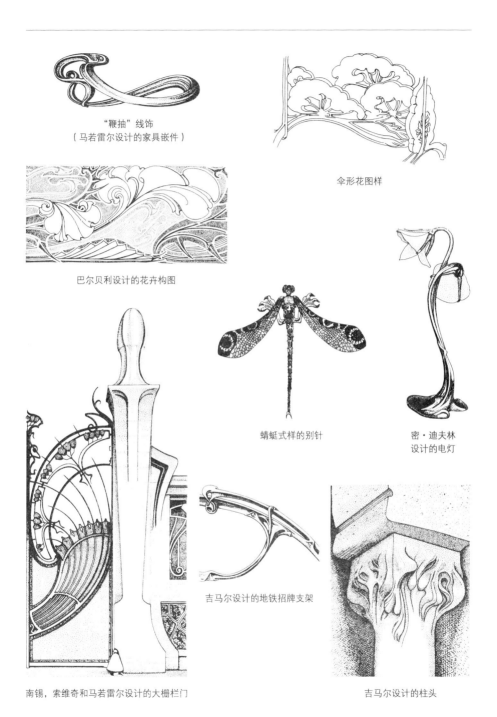

"鞭抽"线饰
（马若雷尔设计的家具嵌件）

伞形花图样

巴尔贝利设计的花卉构图

蜻蜓式样的别针

密·迪夫林
设计的电灯

南锡，索维奇和马若雷尔设计的大栅栏门

吉马尔设计的地铁招牌支架

吉马尔设计的柱头

新艺术风格　建筑

南锡的霍特府邸——在南锡，正如在应用艺术中那样，花卉在正立面装饰中大展风采，占据主要地位。那时的新艺术建筑通过"别墅"规划获得确认。强调平面图的易读性导致各种采光窗口产生越来越多样化以及节律不断增长的转变。

南锡利奥努瓦街住宅——依旧尊崇理性主义原则，内部空间在正立面外部的显示不仅反映在窗子的分布与形状上，还反映在建筑的主体与屋顶上。对哥特式的模糊追忆同时引入以下三种做法：首先是门窗洞与房屋主体的脱节，其顶端为老虎窗山花，或常常带有大得出格的老虎窗的山墙；其次是窗子中梃与窗楣上大括号形装饰的柔软起伏线条以及有时出现的小塔。在这些别致的手法之上还加上隆起凸窗的设置。

贝朗热小城堡——在吉马尔的设计中，建筑与装饰结合的绝对必要导致充满活力的线条以及不对称布局的出现。这种结合拒绝直接借鉴大自然。来自植物保留图案的只有诗意和抽象轮廓线营造的运动与起伏的效果。装饰物的有机性质对于其图形性质的优势，经由对材料的自然处理体现：石块显得像浇铸而不是雕凿而成，铁器也从对称和图形轮廓线的枷锁中解脱出来。

陶瓷艺人戈约宅邸——在这里，建筑的高度标志着与传统布局的决裂，主要是充分展示结构的各个成分。房屋上部挖空，屋架直接放置在墙基上，窗户的波形起伏，这一切都有力地显示出源自可塑性和不对称原则的活力。建筑的稳定因素与不对称成分之间的应力形成外表的统一。

巴黎地铁入口——由于外形、装饰和结构的完美融合，这些入口体现了象征性和功能实用性的完全协调。这一美满的结合是通过对铸铁和玻璃造型艺术的充满活力、自然而非具象的开拓挖掘才得以实现的。

南锡，威森贝尔格设计的利奥努瓦街住宅

巴黎，吉马尔设计的贝朗热小城堡（1894—1898）

南锡，安德列设计的霍特府邸
（1902—1903）

巴黎,吉马尔设计的地铁入口
（1899—1900）

里尔,吉马尔设计的陶瓷艺人
戈约宅邸（1898—1900）

新艺术风格　内部装饰

　　餐厅——在内装饰中大量使用木料：檐带、壁炉框架、天花板、窗间墙和护壁板有时饰有新艺术风格的宽阔线脚。经过一段直线时期以后，雕刻家亚历山大·夏庞蒂埃因他那富于节律的创造力，和极具宏伟效果的造型理念而令人瞩目。在南锡，欧仁·瓦兰在植物主题方面采用更为厚重和墩实的形状，其特点是运用连续、宽厚的线脚以及粗大的家具腿和横档。这里的雕刻或经由宽阔的肋条直达天花板，或在护壁板上形成水果和花卉的浅浮雕。

　　客厅规划——乔治·德·弗尔的设计更加精致，他采用更挺直的形状以及灵感主要来自路易十六风格的线条。尽管有为数众多的肋条以及尤其是在造型上拉长了的格栅，他的内部布局仍旧忠实于传统观念，此外，加上对镀金家具及漆器的明显钟爱。与自然主义手法相比，弗尔作品中单线勾勒占上风。他将植物的起伏线条置于一种即使不叫病态至少也是古怪的状态之中。他设计的蝴蝶翅膀状的长椅的离奇靠背，几乎是不怀好意地摆脱了一切既有样式的约束。

　　楼梯栏杆——新艺术弘扬的形式统一的原则导致对所有材料的开发使用，其中包括锻铁。马若雷尔（19、20世纪法国艺术家、家具设计师和工匠、铁匠，新艺术运动的主要代表之一——译者注）以高超技艺将它做成花卉图案以及当时流行的蜿蜒曲折线条。

　　贝朗热小城堡——对于吉马尔来说，一切内装饰的基础是与空间相关的物件的整体定义。这种形式统一的绝对必要迫使建筑师对建筑物的最小细节，包括从金属饰件到家具，都要加以构思。因此，在这座建筑内部可以看到他那起伏而抽象的造型，以及他那体量与材质之间的对比。譬如一件纤细优雅并具有装饰风格的家具，便以其灵巧的外形与壁炉的笨重、建材的厚实形成对比。吉马尔也是在内装修中首先使用玻璃砖做砌面的人之一。

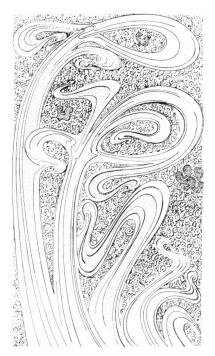

吉马尔设计的贝朗热小城堡

马若雷尔设计的楼梯栏杆

夏庞蒂埃设计的餐厅（巴黎，奥赛博物馆）

德·弗尔设计的客厅

新艺术风格　家具

椅子和桌子——南锡派在其奠基人艾米勒·加莱（19、20世纪法国著名设计家、玻璃技术革新的先驱、新兴艺术风格和现代法国艺术玻璃复兴的主要倡导者——译者注）的影响下，将自然主义花卉与日本情调以及洛可可的模糊回忆混合起来。来自花卉的灵感表现在衔接处与靠背上，倾向于化繁为简以及用单线勾勒，如"蜻蜓"或"葡萄枝蔓"形的桌腿、他偏爱的"伞形花"式镂空椅背。加莱设计的青铜壁灯、细木或贝壳镶嵌的平面都以自然主义见长。日本情趣使人产生对空灵、轻盈但不坚固的"竹制"结构的喜爱。除了在刻有签名或诗文的家具中垂直书写成为时尚以外，日本情趣还广泛影响细木镶嵌的构图风格。从整体看，加莱的创作保留了18世纪家具的传统结构，但过多的自然主义或抽象主义背景有时掩盖了建筑结构本身缺乏逻辑性的事实。

小圆桌——南锡派的另一位创建人马若雷尔在增加装饰方面较为审慎，因而他设计的家具保留了一种符合老式高级木器工艺制作的线条和比例的纯洁性。包括在青铜装饰品方面的新路易十五风格仍随处可见。然而一般以睡莲或兰花为主题的壁灯的波浪式造型属新艺术风格。

小摆设玻璃柜——有一种韵律支配着这件家具的整体构思及线条变化。柔韧灵巧、充满活力、造型意识及装饰适度，这些就是加亚尔的优点，作为钟爱结构抽象主义的理性主义者，他有时接近吉马尔的风格。

角柜、椅子和桌子——从吉马尔设计的家具中表现出一种真正的造型创新。外形的统一性，源于延伸至物件的一切成分和贯穿所有起伏线条的一种富于韵律的意识。精练的线条和轮廓导致一种不匀称布局的出现，但这点被整体充满节律的和谐以其堪称高超的技艺所抵消。

加莱的"伞形花"椅子

马若雷尔的小圆桌
（巴黎，装饰艺术博物馆）

"睡莲"桌
（巴黎，装饰艺术博物馆）

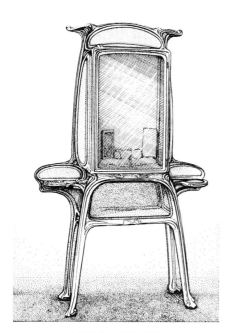

加亚尔的小摆设玻璃柜

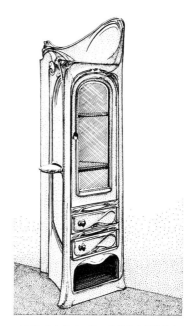

吉马尔的角柜（巴黎，装饰艺术博物馆）

新艺术风格　几何图形潮流

与在比利时和法国蓬勃发展的装饰艺术相对应的，是在盎格鲁－撒克逊国家出现的图案几何化潮流。这一潮流背离了 19 世纪的历史主义，成为了一种全新的现代风格。在英国，格拉斯哥艺术学院与维也纳分离派及 1903 年成立的维也纳工作室保持着紧密联系，它们同时推动了 1907 年德意志工艺联盟在慕尼黑的成立。

麦金托什座椅——格拉斯哥艺术学院的创始人和领袖、苏格兰建筑师麦金托什于 1901 年设计制作了这把橡木制成的餐厅椅。这种椅子椅背超长，并不舒服，实用性很差，但它属于象征主义者所钟爱的艺术家具。格拉斯哥艺术学院的作品偏爱垂直和镂空，惯用黑白两色，多用来自凯尔特花卉的精简图案，装饰朴素，表面赤裸，与欧洲大陆的新艺术运动风格有着很大的区别。但另一方面，这所学院将装饰元素融入建筑领域之中，因此它仍被归入新艺术运动流派。

维也纳风格：奥地利邮政储蓄银行、布鲁塞尔斯托克雷特宫、银篮子——维也纳先锋派之父奥托·瓦格纳建造了奥地利邮政储蓄银行的大楼。这座建筑内部明亮，设计务实：大厅的穹顶由玻璃板组成，下面由金属结构支撑；立柱由铝制成，同时具有供暖功能；地板上采用几何图形，进一步加强了大厅的空间感。1903 年，瓦格纳的学生约瑟夫·霍夫曼与画家莫塞尔一同创立了一个新的流派：维也纳工作室。他们提升了奢侈品的价值，并提出了整体艺术品的概念，即所有艺术元素应搭配构成建筑的整体效果。他们在普克斯多夫疗养院设计的银篮子以及在布鲁塞尔为一位工业大亨建造的斯托克雷特宫，都体现出这一流派对使用方格、追求不朽、垂直排列、裸露表面及罕用装饰的偏好。这一流派也预示了装饰艺术的出现。

恩德尔的家具和罗德的咖啡壶——慕尼黑设计师奥古斯特·恩德尔曾是德国新艺术运动的代表人物之一。在理查德·里默施密德的推动下，他参考中国明朝时期的家具，于 1906 年用榆木制作出没有丝毫装饰的梳妆台，宣告了德累斯顿德国工作室系列大型功能性家具的出现。雕塑的抽象化也启发了斯堪的纳维亚人，特别是丹麦设计师约翰·罗德，他为金器发烧友格奥尔·延森设计出不少家居用品。

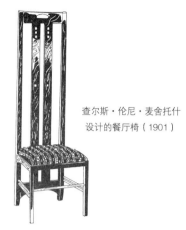

查尔斯·伦尼·麦舍托什
设计的餐厅椅（1901）

奥托·瓦格纳设计的奥地利邮政储蓄银行内景（1905—1906）

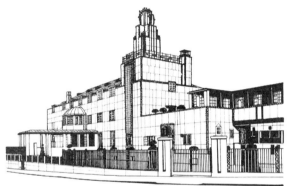

位于布鲁塞尔的斯托克雷特宫外立面（1905—1911）

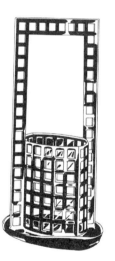

约瑟夫·霍夫曼为普克斯
多夫疗养院设计的银篮子
（1905）

奥古斯特·恩德尔设计的梳妆台（1899）

约翰·罗德为格奥尔·延森设计的咖啡壶（1906）

装饰派艺术风格　装饰要素

　　几何化——1925 年在巴黎举行的国际装饰艺术博览会，标志着装饰派艺术风格的诞生，此时正值植物图样明显减少。取代由花卉灵感而时兴的波状线条的，是几何图形的组合。几何化的采纳来自立体派对装饰艺术的影响：立体主义是一场对形体进行分析性及客观性探讨的变革运动，它由绘画开始，随后波及雕塑。但是总的说来，立体派的影响只限于传统装饰的一种表面的几何化，例外的只有几个前卫的装饰师和建筑师，在他们的设计里，角的交错和几何图形占主导地位。在一些人的设计中，表面的光素与对直角、原始色调及圆、长方形、三角形等基本形状的偏爱平行发展，这一切同新造型主义及构成派的绘画研究是一致的。另一股艺术潮流是未来主义，它对速度和机器的狂热更突出了形状的简化和对动态的追求。

　　黑人艺术——非洲艺术的流行与立体派的出现密切相连，导致折线、弧线、图腾形状、乌木以及深色漆器的使用。

　　花果图案——尽管非常概括并充满立体派味道，玫瑰、水果图样仍大量存在，组成花束、花环、花篮或用布条扎在一起。它们的更新同样得益于野兽派引入的色彩解放，这一绘画潮流钟爱纯粹的色调和大块装饰的均匀色彩。

　　喷水图案——对许多人来讲，这一受宠爱的题材是与俄罗斯芭蕾舞的主题和布景引进的"一千零一夜"风格的构图中的棕榈、扇子及羽毛一起流行起来的。

　　古代文化——与它一起继续存在的有神话人物、轿子、面对面的兽形桌子支撑，情况相同的还有它的建筑式布局，后者到 1930 年前后更加流行。

谢瓦利埃设计的香水瓶

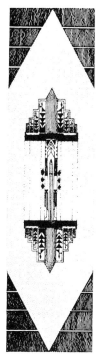

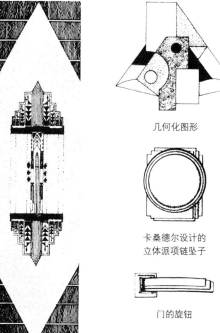

几何化图形

卡桑德尔设计的
立体派项链坠子

门的旋钮

黑人风格（米尔考斯的地毯设计）

斯特凡尼的花果构图

斯特凡尼的花环和花篮图案

布兰特的喷水图案

装饰派艺术风格　内部装饰

餐厅——儒赫尔曼的装饰保留了他在家具设计中的特点——豪华、精致，富于漆器、锻铁和名贵木料贴面的种种魅力。如同家具一样，他的装饰巧妙地转移或是适应了1925年追求舒适的时尚以及路易十六时代的审美观，并往往具备宏伟的特征。应该提到许多其他忠于传统观念的装饰师如保罗·伊利布、安德烈·格鲁尔特，或法国艺术公司创建人苏与马雷。

让娜·朗万的卧室——这里的装饰充分表现了拉托的折中主义，他将1925年的图案（拱形、棕榈、单线勾勒的雏菊）与来自古代或东方的瓮、带铜绿的青铜雉混放在一起。

大厅设计方案——对战后生活方式的变化，尤其是对城市居所狭小现实的领悟，导致一些新的整体构思的产生，其基础建立在空气流通、扩大空间和简洁的原则上。此外加上运用新的科技可能性，如德尔萨斯博士住宅（1928—1931）的滑动隔板，透过玻璃板外墙的外部采光。主张将家具并入建筑之中的弗朗西斯·儒尔丹，致力于将装饰和家具减少到最小限度以求得不同成分之间的完美平衡，这是出于对工业化生产的考虑。马莱－斯蒂文、雷蒙·坦普尔、弗朗西斯·儒尔丹和其他一些艺术家于1930年创建了现代艺术家联合会，在它的庇护下，这种氛围使材料的生产程序和天然品质得以在日益呈几何图形的建筑物内部显现。

新精神馆——忠于标准化原则的勒·科比西埃，取消那些使得建筑内部空间复杂化的家具，代之以"充当建筑一部分"的金属格架，用以顶替传统上安排的家具（大箱子、餐具桌、大衣柜）。座椅和沙发都根据工业化批量生产的原则设计，以适应最低造价的绝对需要。

拉托设计的让娜·朗万的卧室
（巴黎，装饰艺术博物馆）

儒赫尔曼设计的餐厅

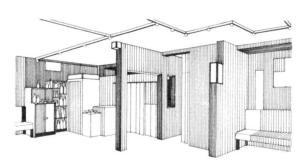

弗·儒尔丹的大厅设计方案

勒·科比西埃设计的新精神馆（1925）

装饰派艺术风格　家具

放针线、饰物的小柜和小梳妆台——儒赫尔曼设计的家具以灵活方式适应18世纪末高级细木工艺的时尚，尽管是工业化生产，却以其精加工和奢华达到一种手工操作的理念。其特点，首先是线条和纺锤形柜腿的精致优雅，棱面或有凹槽纹的柜腿，将柜子支柱的曲线延伸到底。其次是材料的精心挑选：暖色调木料、线状或菱形的象牙细线装饰、鲨鱼皮的鞘套制作。

安乐椅——继儒赫尔曼之后，格鲁尔特、伊利布、勒乐将路易十六风格通过浑圆的、舒展的设计加以转化。苏与马雷则以其生产的规模和坚实的严密结构使路易－菲利普样式重新流行。

黑人风格的椅子和衣柜——尽管是几何化图形和基本部件大师，勒格兰并不认同前卫的建筑潮流。他的"立体派"家具以其材料之豪华和"独此一件"的样式，与工业化艺术及适应建筑框架的路数背道而驰。他与马塞尔·科尔德或格维雷吉昂一道，通过他喜爱的漆器和深色红木、棕榈木、羊皮纸饰物以及由庆典用的凳子和雕塑的灵感启迪而创造的形体，将立体主义与非洲艺术时尚联系起来。

办公桌——夏如（20世纪法国建筑家和装饰师——译者注）是以制造者和建筑师的身份来设计家具的，因而密切关注其功能和所在环境，他采用形体单一部件的组合，精选材料而摒弃任何装饰。他设计的书桌两侧为斜面、滑动板独立应用、外形朴素无华，成为革新之杰作。

扶手椅——对马莱－斯蒂文来说，家具也应完全附属于它的功能及建筑内部空间，与建筑固有的几何形状融为一体。他使用着色金属或镀镍钢管进行的制作已预示着"三十年代"与装饰派艺术风格的决裂。

格鲁尔特设计的
威尼斯轻舟（翘曲）式安乐椅
（1925，巴黎，装饰艺术博物馆）

勒格兰的黑人风格椅子
（巴黎,装饰艺术博物馆）

儒赫尔曼设计的放针线、饰物小柜

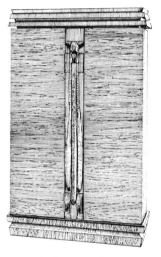

科尔德的黑人风格衣橱
（巴黎,装饰艺术博物馆）

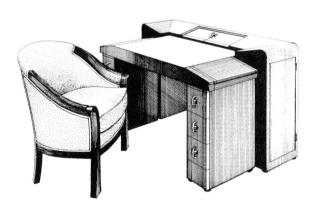

夏如设计的办公桌（巴黎，装饰艺术博物馆）

马莱－斯蒂文设计的
用金属和皮革制作的扶手椅
（巴黎，装饰艺术博物馆）

先锋派与功能主义　建筑 I

施罗德住宅——这座住宅是由建筑师里特费尔德在荷兰乌得勒支设计建造的，运用了荷兰风格派运动创立的新塑造主义，这一派系由抽象派画家和先锋派建筑师于 1917 年创立。它的目的是为皮特·蒙德里安的绘画原则赋予通用性和建筑性：垂直性以及红、黄、蓝三原色与黑、白两种"非颜色"之间的反差。借鉴赖特的理念，各房间及建筑元素之间并未做空间隔断。坚持裸露，反对装饰，注重实用并抛弃纪念性以节约建造成本，追求灵活移动和多种用途以突出房屋的功能性，调整色彩平面与体积间的节奏令房屋更加生动，这座房子为面向未来的现代住宅定义了严格的建筑原则。

苏联馆——这一先锋派作品由年轻的共产主义国家在 1925 年装饰艺术博览会上展出，代表着唯物主义建筑在革命社会中的真实宣言。康斯坦丁·梅利尼科夫运用莫斯科高等艺术暨技术学院拉德夫斯基工作室的原则设计了该展馆。一条开放式的楼梯从对角线穿过矩形的外立面，交叉墙面构成的屋架悬于上方。参照工程师的建筑构造，整座展馆采用了动态结构，并用玻璃板、混凝土或钢材等工业材料展现出一种"渐进几何"式的风格。

马特尔别墅——马利特－史蒂文斯的作品（特别是在欧特伊地区）是 1925 年风格纪念性设计的终极体现。这座立方体形状的建筑主体展现出一套完整的设计思路，既兼顾了外部造型，又同时满足了设计方案和释放内部空间的迫切需求。我们可以看到，装饰已不复存在，不同房间彼此交叠，建筑表面以水平和垂直为主。同时，根据设计方案的复杂程度，很多元素都可以组装和拆卸，带来前所未有的灵活性和比例感，这种比例感使建筑的造型精炼得可与雕塑相比。

新精神馆——勒·柯布西耶、让纳雷和欧赞凡反对立体主义，认为立体主义仍包含了太多的装饰，主张应以"标准元素"体现工业化美学的价值。他们认为，模块应带来统一性，但并不意味着作品应千篇一律。这些理念推动新工艺走向了系统性应用，例如钢筋混凝土构架的出现为建筑设计赢得了极大自由，也让屋顶露台成为现实。他们还有意将自然融入城市和家居生活之中。

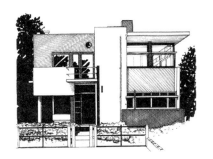

赫里特·里特费尔德设计的施罗德住宅（1924）

马利特－史蒂文斯设计的巴黎马特尔别墅（1925—1926）

康斯坦丁·梅利尼科夫设计的苏联馆
（1925）

勒·柯布西耶、让纳雷和欧赞凡设计的新精神馆（1925）

先锋派与功能主义　建筑 II

德绍住宅区——1919 年，公立包豪斯建筑学校作为一个先锋派学院在魏玛成立，于 1925 年搬迁至德绍。学校校长瓦尔特·格罗皮乌斯为德绍住宅区开发了一种标准化住房。与恩斯特·梅在法兰克福设计的住宅项目一样，格罗皮乌斯寻求以一种现代、经济、切实可行的方式，解决普遍存在的城市住房危机。他尝试了许多新工艺（如煤渣防火承重墙、悬挂式窗户、无水厕所等），但结果往往是灾难性的。在这里，建筑师同样也是城市设计师：双层住宅沿着蜿蜒的交通要道建起，勾勒出战后新兴城市的独立房屋式城市化雏形。

包豪斯式厨房——格罗皮乌斯为德绍包豪斯学校的校长住宅设计的厨房，属于最早一批设备齐全、功能完善的厨房，配备了新式家用电器（烤箱、灶台、家用秤、滑动储物柜等）。格还专门研究了如何让厨房使用更方便：比如铺设地砖更容易打理，操作台足够宽大，厨具一目了然取用方便，烤箱高度与目光齐平，亮色墙壁增加厨房亮度等。这个厨房反映出标准化住房越来越重视使用价值，而功能主义建筑师也非常在意这一点。

波茨坦的爱因斯坦塔——表现主义建筑学派代表埃里希·门德尔松根据阿尔伯特·爱因斯坦基金会的要求，建造了这个天文台兼天体物理学研究所。这座雕塑外观的建筑有悖功能主义建筑学，被指责为不符合社会的精神期待。然而，门德尔松并没有因此放弃现代工艺，他希望赋予这些工艺新的意义：这座旨在为相对论建立证据的光谱分析研究塔，似乎能激发混凝土和钢铁的内在力量，让它们不再是只能让人想起灰色建筑的涂着厚厚水泥的砖块。

奥利机场停机库——工程师欧仁·弗雷西内与亨内比克兄弟是法国钢筋混凝土建筑的先驱。奥利机场的停机库就是一个真正的技术挑战：这个巨大的连在一起的整块抛物线形穹顶，被安装在应用了预应力混凝土技术的滑动支架上，这赋予了水泥这种一直被认为不可靠的材料决定性的应用价值。经过复杂的计算和具体施工，这座庞大、精炼和考究的建筑完全符合其建造的初衷。工程师对于建筑创造的贡献变得越来越不可或缺。

格罗皮乌斯设计的德绍平面图与标准化住宅
（1926—1928）

格罗皮乌斯设计的校长住宅的厨房（1926）

欧仁·弗雷西内设计的奥利机场停车库
（1921—1923）

埃里希·门德尔松设计的位于波茨坦的爱因斯坦塔
（1920—1921）

先锋派与功能主义　家具

红蓝椅——建筑师兼细木工匠里特费尔德将荷兰风格派运动原则活用到家具制作当中，做出了这把座椅。这把座椅采用了严格的抽象几何造型，没有附加任何装饰。红色椅背配上蓝色椅座，与黑色的椅腿和扶手及其末端的黄色包头形成鲜明的反差，展现出一种画家蒙德里安所喜爱的多彩平面交织而成的空间。这条搭建在不同艺术类别之间的桥梁继承了关于整体艺术的构想。

瓦西里扶手椅和普鲁维扶手椅——从 1925 年起，包豪斯学校加强了与工业界的合作。作为包豪斯学校当时最主要的家具创作者之一，马塞尔·布劳耶与密斯·凡德罗一起为瓦西里·康定斯基设计了这款扶手椅。布劳耶在设计中借用了功能主义的建筑原则，仅使用轻便、有弹性而又毫无装饰性的材料：用铝管制成主体结构，用绷紧的织物形成椅座、椅背和扶手。由此，瓦西里扶手椅以其方便、结实、美观和价廉，成为了"机械座椅"的典范。在法国，现代艺术家联盟成员、建筑大师让·普鲁维，果敢地进一步发展了这种理念：用带孔的钢板撑起有机玻璃制成座椅。技术进步开始越来越多地为样式的革新服务。

可叠放圆凳——芬兰建筑师阿尔瓦尔·阿尔托继承了沙里宁使用斯堪的纳维亚半岛松木的民族浪漫主义潮流，同时受到索耐特家具风格的影响，从而设计出这种可叠放的凳子。因为使用了弯曲的压合木材，这种凳子显得不具备强烈的工业感。保有温热感的材质、朴素优雅的造型，为这种可用于多种场合的座椅铺平了成功的道路。阿尔泰克公司制作了大量这一系列的圆凳并广泛销售。与冰冷、强势、无法传递任何情感联系的金属家具相比，这种圆凳隐含着一种"看不见的现代化"，这令它占据了明显的优势。

"冷点"冰箱——1932 年，西尔斯·罗巴克请法裔美国设计师雷蒙德·洛威设计了一款美观实用的冰箱——"冷点"冰箱。洛威在技术和视觉方面做出了改进：铝制的板材、门上附有的型号标识、类似汽车的流线造型。整个冰箱都完全遵循了他们的座右铭"丑陋的东西就是不好卖"。在贝尔·格迪斯或许是亨利·德雷富斯的帮助下，洛威成了美国运输、视觉传播和家用电器领域的先驱之一，并帮助美国工业渡过了 1929 年开始的"大萧条"时期。

格里赫·里特费尔德设计的红蓝椅
（1917—1918）

马赛尔·布劳耶设计的瓦西里扶手椅（1925）

让·普鲁维设计的普鲁维扶手椅（1937）

阿尔内尔·阿尔托设计的可叠放圆凳
（1938）

雷蒙德·洛威设计的"冷点"冰箱
（1935）

国际风格　建筑

流水别墅——弗兰克·劳埃德·赖特在宾夕法尼亚州熊奔溪建造了这座别墅，一座饱含诗意的有机建筑物。一连串由混凝土和玻璃建成的露台伸展出来，凸显出这座横跨瀑布之上的建筑高雅的气质。由于非常在意建筑与环境之间的联系，赖特选择了承自草原学派的空间流动性，结合了先进的技术，但拒绝附加装饰。与表现主义或阿尔托派的建筑师一样，赖特为功能主义理论提出了一种替代方案：一种现代而有新意的造型，既不重复单调，亦不机械死板。

北湖岸大道摩天大厦——密斯·凡德罗将包豪斯学院的功能美学应用于美国传统高层建筑上，在芝加哥建造了两座住宅大厦。为了获得纯正的平行六面体造型，密斯在建造中使用了钢制骨架和幕墙，幕墙的玻璃窗采用百叶窗式的机构，形成一种独特的韵律。密斯以此为美国创造了一个机会，来对外输出这种外观出色、设计精巧、造型朴素的建筑模型。

光耀之城——为补救法国住房危机，勒·柯布西耶在马赛建造了这座"居住单元"，为集中居住提供了一种现代解决方案。这是一座真正的城中之城，城内提供各种服务：购物街、生活设施、卫生设备及能容纳 1600 人的运动场地。尽管这种乌托邦式的设计并没有光明的前景，但它所采用的技术手段（嵌入式封闭阳台、桩基、预固化处理混凝土、标准化公寓等）都给之后几年建起的大型居民区带来了启发。

麦当劳餐厅——位于伊利诺伊州德斯普兰斯市的这家著名美国快餐连锁店是由斯坦利·梅斯顿设计建造的，它见证了商业建筑在消费社会中的日益增多。餐厅建筑采用了鲜艳的色彩（拱门的金黄色、墙面的红白条纹）和富有吸引力的几何造型（三角形屋顶、玻璃墙壁以及与公司标志对应的拱门形状），并在一个建筑模型的基础上开发出多种造型变体，发挥了良好的视觉传播作用。

环球航空公司中心航站楼——芬兰建筑师埃罗·沙里宁在纽约伊德莱维尔德机场里塑造了很多巴洛克式、未来派及有机建筑的造型，而它们无不流露着一种粗野主义的风韵。钢筋混凝土的外壳样子让人联想到飞翔的鸟儿。巴西尼迈耶国际文化中心的建筑群、勒·柯布西耶的廊香教堂以及乌松的悉尼歌剧院也都与这一潮流有着密切的关系。

弗兰克·劳埃德·赖特设计的流水别墅
（1936）

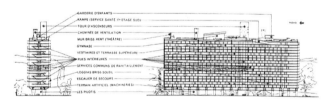

勒·柯布西耶设计的光耀之城（1947—1950）

密斯·凡德罗设计的水湖岸大道摩天大厦（1948—1951）

斯坦利·梅斯顿设计的麦当劳餐厅（1955）

埃罗·沙里宁设计的环球航空公司中心航站楼
（1956—1962）

国际风格　家具和装饰

巴塞罗那世博会德国馆——密斯·凡德罗设计了巴塞罗那世博会德国馆，其内部布置和家具体现出一种豪华而适度的优雅理性美学。许多现代建筑师设计的高级别墅都具备这样的特征。在德国馆中，密斯·凡德罗使用了多种名贵材料（大理石的地面、金色缟玛瑙的内壁、镀铬的钢柱框架及小羊皮的座椅），并将它们与艺术品（雕塑家科尔贝的裸体塑像《黎明》）相结合，清楚地展现和划分出各个空间的功能。

办公室内部布置——坐落在康涅狄格州布卢姆菲尔德的美国通用人寿保险公司总部，是由著名的现代家具制造商诺尔公司与戈登·邦夏合作设计布置的。在密斯·凡德罗极简主义作品的启发下，这个追求实用主义的内部设计被战后社会中占据主流的官僚资本主义所青睐。开放式的布局、可拆卸的隔板、排列整齐的工位和吊顶上充足的日光灯照明，这种布置定义了什么是符合企业人体工程学（研究工作舒适度的学科）的内部建筑结构。

埃姆斯休闲椅——这把座椅最初是查尔斯·埃姆斯为他的好友、电影导演比利·怀尔德设计的，之后诺尔和威达家具公司又对其进行了大幅修改。椅子的主体使用了三块模压胶合板，通过金属原件组成结构主体，装在安有弹簧的支脚上。这把休闲椅的框架使用了里约热内卢的青檀木，椅垫则用黑色皮革内填充羽绒制成，可以转动、可以后仰，将舒适、方便、豪华完美结合于一身。这把最初为私人设计的座椅，日后即成为了办公室老板椅的原型。

郁金香外形椅——芬兰人埃罗·沙里宁一直希望能够掌控技术的进步，这张独脚椅就是他对技术狂热追求的象征。这把椅子的制作使用了全新材料和注塑工艺，底座使用了铝材，椅座主体则采用了玻璃纤维强化塑料，椅垫使用的是布艺面料填充乳胶海绵。这把椅子由诺尔公司生产，力争将优雅华丽与轻便小巧集于一身。

IBM 公司标志——继欧洲凸版印刷、特别是瑞士阿德里安·弗鲁提格字体问世之后，平面设计师保罗·兰德重塑了 IBM 这家国际企业的品牌标志，使其公司精神更加彰显。这一标志醒目、简洁、严谨，将功能主义原则搬进了视觉传播领域。

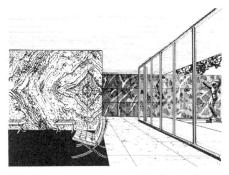

密斯·凡德罗设计的巴塞罗那世博会德国馆
（1929）

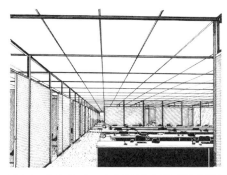

诺尔公司与戈登·邦厦合作设计的美国通用人寿保险
公司总部办公室内部布置（1957）

查尔斯·埃姆斯设计的埃姆斯休闲椅（1956）

埃罗·沙里宁设计的郁金香外形椅
（1955）

IBM

保罗·兰德设计的 IBM 公司标志（1956）

波普风格

倍耐力公司海报——倍耐力的辛图拉托系列轮胎的海报灵感来自于欧普艺术的光学和动态效果。海报上曲线形纹路不断扩展，让人仿佛看到轮胎在全速转动时逐渐解体，有如未来派艺术家呈现出来的图景。而"英式线条"的风格（线条只用黑色和白色，而不用灰色）则让人想起索托的视觉研究。

球形电视——扎拉赫伦敦公司推出的球形电视，见证了人们，特别是俄罗斯卫星通讯社对于征服宇宙空间的迷恋。塑料材质的白色机身配以弧形的线条，合为一体的电视功能与球形外壳，令这种设计风格取得了成功。秉承同样的理念，芬兰人艾洛·阿尼奥于1965年设计了一把"球形座椅"，由一个掏空的球体加上紫色布料装饰而成。

聊天窝——克莱德·里克设计的这个空间，是在被加高的地板中做出一处凹陷，配以大量靠垫和霓虹灯照明。这一设计包含着20世纪60年代发展起来的"激进主义风格"特点。受极简主义启发，他倾向于去除诸如座椅等可拆卸家具，或用嵌入式壁橱代替传统的储物家具，来解放地面上的空间。这一设计允许人员自由流动和场地随意布置，满足了那个时代人们追求自由讨论的需要。

乔椅——为了向棒球冠军乔·迪马吉奥致敬，意大利人乔纳森·德·帕斯设计制作了这把有趣的椅子。这把椅子轻便而灵活，可以随时放气"消失"，带动了美学、功能和技术领域的革新。与传统软垫座椅相比，乔椅通过使用塑料降低了制造成本，而它的形状则可能源于恺撒或波普艺术家欧登伯格的雕塑（比如著名的《大拇指》）。与1967—1975年的许多意大利青年创作家一样，德·帕斯在这里开创了"反设计"理念，抛弃了功能主义中摒弃装饰的原则，而采取了一种具有启发性并充满幽默的创作方式。

空中走廊——巴纳·冯·萨托里和乔治·科尔迈尔利用照片拼接的技巧设计了这条城市交通隧道。这个设计来自乌托邦建筑潮流，其理念与密集排列的现代城市规划方式截然相反，而后者常被指控为违背人性和充满教条主义。与阿基佐姆工作室的英国团队一样，设计师用建筑学上的隐喻来表达一种未来主义的不朽幻想：螺旋形的通道将启发人们找出一种全新的群体生活方式。

倍耐力公司辛图拉托系列轮胎海报
（1966—1967）

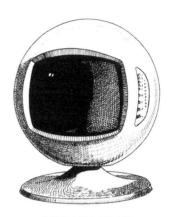

扎拉赫公司的球形电视
（20 世纪 60 年代）

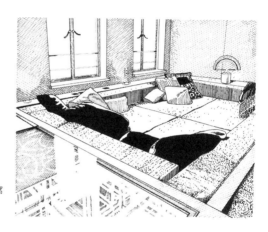

克莱德·里克设计的聊天窝
（20 世纪 60 年代）

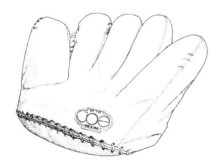

乔纳森·德·帕斯设计的乔椅（1970）

萨托里和科尔迈尔共同设计的空中走廊工程（1969）

后现代主义风格　建筑

胡玛纳大厦——坐落在美国肯塔基州路易斯维尔市的胡玛纳大厦大量参考了古代建筑，大厦底部采用了连拱造型，顶部则是三角形屋顶。这座摩天大厦为建筑师迈克尔·格雷夫斯树立威望，使他成为了后现代主义建筑流派的关键人物之一。格雷夫斯从新古典主义建筑师勒杜处获得了灵感，他放弃了自己早期作品中采用的功能主义美学，而是转向了追求巨大宏伟的几何造型艺术。他借鉴装饰艺术，在建筑中用鲜艳的色彩和不同的材料形成对比，比如大理石侧边使用了包金装饰。

百思得超市——环境雕塑小组建造了美国超市连锁店百思得的商场大楼。但他们拒绝承认采用了"去建筑化"的理念，即这座建筑以幽默和怪谈的形式模仿了用巧计毁坏了的砖块建筑。休斯敦市阿尔梅达购物中心的顶部则仿照了塌方和风化，营造出一种人工的废墟。这座不同寻常的商业建筑成为了美国郊区的一处景观。它应用了大量精细的工艺技术来达到预期的广告效果。

雷诺销售中心——诺曼·福斯特与建造了蓬皮杜艺术中心的理查德·罗杰斯一同在英国威尔特郡斯文顿建造了这座狭长的展厅，以继续他们对高科技建筑结构的探索。在工程师奥韦·阿鲁普的帮助下，这座由 42 个单元构成的建筑得以问世。雷诺销售中心用黄色的金属梁吊起一个个屋顶，展现出一种先进而富有创造性的工业表现主义。

航天博物馆——在 1984 年奥运会之际，美国建筑师弗兰克·盖里在洛杉矶建造了这座航天博物馆，用解构主义诠释了城市的混乱状态。展馆房间数量众多，外观棱角分明，建筑材料、几何形状、高地起伏也都各不相同。固定在建筑"舷外"的 F-104 战斗机，给博物馆紧凑风趣的建筑群增添了一份摸得到的故事感，也进一步打破了建筑的平衡性。

音乐城——音乐城坐落于巴黎维莱特门。在建造这座功能主义建筑时，法国建筑师克里斯蒂安·德·波宗巴克悄悄进行了改动：整座建筑外立面仍保持了统一的白色，但房间整齐的结构被打破，增添了许多复杂的造型，使音乐城成为了一处颇具装饰性的名胜。屋檐的样式、弧形的屋顶和蛇形的开口，都仿佛蕴含着小提琴的曲线或是赞美诗的音符，充满乐感和诗意，显得博学而又精致。

迈克尔·格雷斯设计的胡玛纳大厦
（1980—1982）

环境雕塑小组设计的百思得超市

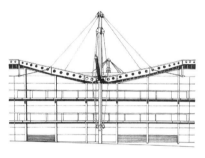

诺曼·福斯特和工程师奥韦·阿鲁普共同打造了
雷诺销售中心（1981—1983）

弗兰克·盖里设计的航天博物馆
（1983—1984）

克里斯蒂安·德·波宗巴克设计的音乐城（1987—1996）

后现代主义风格　家具和装饰

轮胎沙发——德国人约尚·格罗斯 1974 年创建的 Des-in 小组制作了这件带有回收利用或"高科技"设计风格的家具。这个小组追求保护环境、避免浪费，它赋予废品以全新的用途：填充后的废旧轮胎变成了一个省钱的座椅，也是一件改变了使用者认知的反现代主义家具。

卡尔顿书架——作为奥尔维帝公司的设计师及受后现代主义运动启发的理论家和创造家，意大利人埃托雷·索特萨斯于 1981 年与米歇尔·德鲁奇一同创立了孟菲斯小组，并设计出这件家具。他幽默地参考引用了许多文献：用一种手势标识象征着图腾原始主义，而印有蚯蚓图案的彩色轧制塑料板则令人想到消费者群体和美国酒吧。对想象力和视觉语言的需求，定义了居伊·德波《景观社会》中的替代和改良主义设计风格。

阿莱西烧水壶——由迈克尔·格雷夫斯为米兰企业阿莱西设计，这件厨具在开明的青年资产阶级当中取得了巨大的成功。同他所设计的建筑一样，格雷夫将严谨的几何结构（铝制的圆锥体和圆环）与带有奇幻装饰性的彩色塑料（把手、水开时会鸣叫的壶嘴上的鸟）结合在一起。先锋派灵活运用各种技术资源，使桌面艺术在 20 世纪 80 年代得以复兴。

***Raw* 杂志的封面**——在视觉传播领域中，美国绘图设计师加里·潘特给这份杂志绘制的封面与后现代运动研究形成了一种对称。作为新潮流的一分子，它依赖表现主义和漫画形式，对瑞士－国际风格的固定惯例进行了补充。

蛮族之椅——"推翻一切，从上古和史前时代重新开始"：法国人伊丽莎白·加鲁斯特和马蒂亚·博内蒂在设计家具时借鉴了远古文化，并用这句话来解释他们为何迈出这放肆的一步。想要用好锻造的青铜和用皮带扎紧的毛皮，想象力不可或缺。激进、创新、独特，这类家具在 20 世纪 80 年代广为流行。与绘画相比，它们更接近于雕塑。

科斯特椅——法国设计师菲利普·斯塔克为博堡咖啡厅设计了著名的科斯特椅。座椅由木质打造，弯曲的黑色椅背有如装饰艺术的造型。科斯特椅用简洁明了线条，勾勒出紧绷的包裹感，为功能主义家具赋予了新的特征。

约尚·格罗斯与 Des-in 小组设计的轮胎沙发
（1977）

迈克尔·格雷夫斯设计的阿莱西水壶
（1986）

埃托雷·索特萨斯与孟菲斯小组设计的卡尔顿书架（1981）

加里·潘特设计的
Raw 杂志封面（1981）

伊丽莎白·加鲁斯特和马蒂
亚·博内蒂设计的蛮族之椅（1981）

菲利普·斯塔克设计的科斯特椅
（1982）

当今潮流

里昂－萨托拉斯机场高铁车站——由巴西裔建筑工程师圣地亚哥·卡拉特拉瓦设计的这只"大鸟"由玻璃和钢铁构成，坐落在拱形的混凝土之上。这座建筑灵感来自天然风格，其有机造型和成型工艺展现出一种未来主义的风采，为工业表现主义注入新的活力。

乔乔开瓶器——法国建筑师克里斯蒂安·加瓦耶，曾是菲利普·斯塔克（法国设计师）的合作伙伴。他一面探索着各种材料的可塑性，一面创造了不少好玩又古怪的家用物件。这个依据动画人物形象的铝制开瓶器就是其中之一。近些年来，许多花哨物品接连出现，比如著名的斯塔克蜘蛛形榨汁机。相比功能，它们更注重美学设计，因而遭到那些信奉包豪斯原则的设计师的指责。

无扶手舒适矮椅——这把矮椅作为装饰艺术的晚期传承，是由巴黎的对位工作室设计制造的。它的设计灵感来自第二帝国时期的一种时尚座椅，并被进一步的简化：线条考究，朴实动人；椅面统一使用的平纹布料，尤其是底部流苏的几何形状，决定了矮椅的整体风格。这种矮椅的造型在喜好热烈、奇幻、有启迪性美学的大众中获得了成功，福特的 Ka 车型和雷诺的 Twingo 车型都是这类造型风格的后继者。它们比功能主义或先锋派家具更受欢迎。

Touch 杂志海报——先锋派杂志《面孔》的艺术总监、英国人内维尔·布罗迪是设计主义的领导者，引领了 20 世纪 80 年代中期发生的图形复兴运动。这张海报采用了一定程度的矫饰，尤其是借用高度、色彩、字体的变化，使符号与字母组合起来，并通过拉伸和收缩使字符变形。这种自由创作的灵感来自于构成主义笔法，并因计算机绘图的普及而变得更加容易。它还显著影响了 20 世纪 90 年代的视觉传播，并使布罗迪因此成名。

里士满的景观美化——英国建筑家约翰·昆兰·特里在泰晤士河边建造了一连串带有新乔治风格外墙的办公室。作为反教条主义者，他拒绝接受现代美学，不追求建筑的新奇性。在帕拉迪奥的启发下，他重新找到了古典传统特有的美感和秩序所体现的价值。卢森堡的里昂·克里尔是这一激进改革运动的狂热信徒之一。

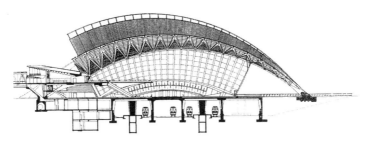

圣地亚哥·卡拉特拉瓦设计的里昂–萨托拉斯机场高铁车站（1989—1994）

克里斯蒂安·加瓦耶设计的乔乔开瓶器（1994）

内维尔·布罗迪设计的
Touch 杂志海报（1987）

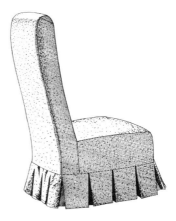

巴黎对位工作室设计的无扶手舒适矮椅
（1996）

约翰·昆兰·特里设计的里士满景观（1986—1989）